Creo 7.0 造型设计实例教程

詹建新　主　编

王艺光　副主编

电子工业出版社
Publishing House of Electronics Industry
北京 · BEIJING

内 容 简 介

本书是根据编者在模具企业从事一线工作的经历及后来在高校从教的经验编写而成的，书中的很多内容都是编者多年来的工作经验积累与心得。全书共 13 章，包括 Creo 7.0 设计入门、基本特征设计、Pro/ENGINEER 版特征命令的应用、简单零件建模、编辑特征、曲面特征、样式曲面设计、参数式零件设计、从上往下造型设计、装配设计、工程图设计、钣金设计实例、综合训练。

全书结构清晰、内容详细、案例丰富，讲解的内容由浅入深，重点突出，着重培养学生的实际动手能力。

本书既可作为本科、高职高专院校的教材，也可作为相关专业技术人员的参考书。

图书在版编目（CIP）数据

Creo 7.0 造型设计实例教程 / 詹建新主编. —北京：电子工业出版社，2021.3
ISBN 978-7-121-40514-3

Ⅰ. ①C⋯　Ⅱ. ①詹⋯　Ⅲ. ①产品设计－造型设计－计算机辅助设计－应用软件－高等学校－教材　Ⅳ. ①TB472-39

中国版本图书馆 CIP 数据核字（2021）第 020508 号

责任编辑：郭穗娟
印　　刷：北京虎彩文化传播有限公司
装　　订：北京虎彩文化传播有限公司
出版发行：电子工业出版社
　　　　　北京市海淀区万寿路 173 信箱　　邮编：100036
开　　本：787×1 092　1/16　印张：14.25　字数：362 千字
版　　次：2021 年 3 月第 1 版
印　　次：2025 年 2 月第 8 次印刷
定　　价：49.80 元

凡所购买电子工业出版社图书有缺损问题，请向购买书店调换。若书店售缺，请与本社发行部联系，联系及邮购电话：(010)88254888，88258888。
质量投诉请发邮件至 zlts@phei.com.cn，盗版侵权举报请发邮件至 dbqq@phei.com.cn。
本书咨询联系方式：(010)88254502，guosj@phei.com.cn。

前　言

本书是根据编者十多年在模具企业从事一线工作的经历及后来在高校从事教学的实际经验编写而成的，非常有针对性，可作为本科、高职高专院校的教材。

在编写本书时，编者参考了 20 多年前使用 Pro/ENGINEER（简称 Pro/E）软件设计产品的经验，因为那个时期的 Pro/E 版中有一些特征命令（如唇、截面圆顶、半径圆顶等）在设计产品过程中使用起来非常方便。于是，在本书中专门列了第 3 章"Pro/ENGINEER 版特征命令的应用"，介绍早期 Pro/E 版特征命令的加载与使用，丰富了现有 Creo 版的命令菜单。对于初学 Creo 的读者或没有接触过早期 Pro/E 版的相关人员，这一章值得一看。

本书除了介绍常用的 Creo 7.0 草绘命令与建模命令，还着重介绍了钣金与 Creo 7.0 样式曲面命令的使用，这两个命令是学生毕业后在实际工作中经常要用到的命令。

草图的设计一直是所有人学习 Creo（Pro/E）的难点，为解决这一难点，本书中所有实例都被分解成若干简单的步骤，即把一个复杂的草图分解成若干简单的草图。因此，在学习完本书后，读者不仅能学会复杂图形的建模，而且能学会绘制复杂的草图。

本书还专门列了第 10 章，介绍在装配设计中修改各装配零件的方法。这一章主要是依据编者在模具企业十多年的工作经历编写的，对设计组合产品非常有用。

本书内容全面，所有实例的建模步骤都经过编者的反复验证，语言通俗易懂，实例步骤也讲解得很详细，能提高读者的学习积极性。

本书不但能满足本科、高职高专院校学生的学习需要，也可以作为从事模具、机械制造、产品设计的人员的培训教材，非常适合作为没有任何 Creo（Pro/E）操作经验的工作人员的培训教材。

本书第 1~8 章，由桂林电子科技大学北海校区王艺光老师编写，第 9~13 章由广东省华立技师学院詹建新老师编写，全书由詹建新老师主编并统稿。

本书在第 1 版的基础上，根据读者的意见，补充了新内容，并对第 1 版中出现的错误进行了校正，欢迎各位读者继续对本书提出宝贵意见！

尽管编者为编写本书付出了很多心血和努力，但书中仍然存在一些不足之处，敬请广大读者批评指正。

编　者
2020 年 5 月

目　录

第1章 Creo 7.0 设计入门

本章以 3 个简单的零件为例，详细介绍应用 Creo 7.0 建模的一般过程，强调在运用 Creo 7.0 建模时，应将复杂零件的建模过程分解成若干简单的步骤。

1. 垫块

本节通过绘制垫块零件图，重点讲述 Creo 7.0 草绘的基本方法及建模的一般过程，垫块零件图如图 1-1 所示。

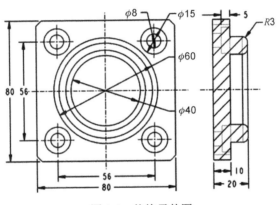

图 1-1　垫块零件图

（1）启动 Creo 7.0，在 Creo 7.0 的起始界面下单击"选择工作目录"按钮，如图 1-2 所示。选取 D：\Creo 7.0 Ptc\Work\为工作目录，把所创建的建模图放在此目录下。

图 1-2　单击"选择工作目录"按钮

（2）单击"新建"按钮，在【新建】对话框中对"类型"选取"◉☐零件"选项，"子类型"选取"◉实体"选项；把"名称"设为"diankuai"，取消"☑使用默认模板"前面的"√"，如图 1-3 所示。

提示："默认模板"中默认的绘图单位为英寸（inch）。

（3）单击"确定"按钮，在【新建文件选项】对话框中选取"mmns_part_solid_abs"选项，如图 1-4 所示。注意："mmns_part_solid"是公制单位，意思是"毫米·牛顿·秒"。

图 1-3　取消"☑使用默认模板"前面的"√"　　　　　图 1-4　选取"mmns_part_solid_abs"选项

（4）单击"确定"按钮，进入建模环境。注意：本书除非特殊说明，都采用公制单位。

（5）在横向菜单中先单击"模型"选项卡，再单击"拉伸"按钮，如图 1-5 所示。如果在命令按钮旁边没有中文字符，请参考后面图 1-49 所示的方法解决。

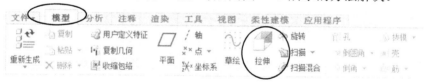

图 1-5　单击"模型"→"拉伸"按钮

（6）先在操控面板中单击　放置　按钮，然后在"草绘"滑动面板中单击　定义…　按钮，如图 1-6 所示。

图 1-6　在"草绘"滑动面板中单击"定义"按钮

（7）选取 TOP 基准平面作为草绘平面，以 RIGHT 基准平面为参考平面，方向向右，如图 1-7 所示。

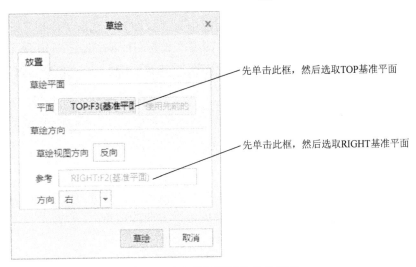

图 1-7　选取草绘平面和参考平面

（8）单击 [草绘] 按钮，进入草绘模式。

（9）单击"草绘视图"按钮，如图 1-8 所示，定向草绘平面，使之与屏幕平行。

图 1-8　单击"草绘视图"按钮

（10）单击"草绘"区域的"中心线"按钮，沿 X 轴、Y 轴各创建一条中心线。

（11）单击"拐角矩形"按钮，按住鼠标左键，拖动光标，在工作区的任一位置绘制一个矩形。按鼠标中键，所绘制的矩形尺寸为任一值，如图 1-9（a）所示。

（12）单击"对称"按钮，先选取 A 点，再选取 B 点，然后选取竖直中心线，端点 A、B 关于竖直中心线对称。用同样的方法，先选取 A 点，再选取 D 点，然后选水平中心线，端点 A、D 关于水平中心线对称。

（13）单击"相等"按钮，选取 AB，再选取 AD，设定线段 AB，使之与 AD 长度相等。

（14）先单击"选择"按钮，再双击尺寸标注，将尺寸改为 80mm，如图 1-9（b）所示。

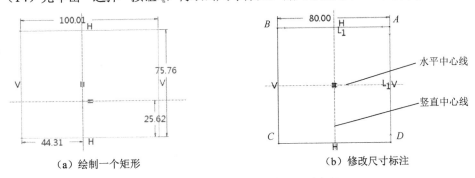

（a）绘制一个矩形　　　　　　　　　　（b）修改尺寸标注

图 1-9　绘制一个矩形并修改尺寸标注

（15）单击"确定"按钮☑，在操控面板中对"拉伸为"选取"实体"选项▢，对"深度"类型选取"不通孔"选项⊥，把"深度"设为 10mm，如图 1-10 所示。

图 1-10　设置"拉伸"操控面板参数

（16）单击"确定"按钮☑，创建一个拉伸特征。

（17）先单击"视图"选项卡，再单击"标准方向"按钮，如图 1-11 所示。或者按住<Ctrl+D>组合键，把所创建的实体切换成标准方向的视角。

图 1-11　单击"标准方向"按钮

（18）先单击"模型"选项卡，再单击"旋转"按钮；在操控面板中单击 放置 按钮，然后在"草绘"滑动面板中单击 定义... 按钮。

（19）在【草绘】对话框中选取 FRONT 基准平面作为草绘平面，以 RIGHT 基准平面为参考平面，方向向右，如图 1-12 所示。

图 1-12　选取草绘平面和参考平面

（20）单击 草绘 按钮，进入草绘模式。

（21）单击"草绘视图"按钮，定向草绘平面，使之与屏幕平行。

（22）单击"基准"区域的"中心线"按钮，沿 Y 轴创建一条中心线。

提示：在快捷菜单中有两个"中心线"按钮，一个在"基准"区域，表示绘制的是特征的中心线；另一个在"草绘"区域，表示绘制的是草绘的中心线。这里，请单击"基准"区域的中心线按钮。

（23）单击"矩形"按钮，在第一象限中任一位置绘制一个矩形，如图 1-13 所示。

图 1-13　绘制一个矩形

（24）单击"重合"按钮，先选取 *AB* 线段，再选取 *CD* 线段，使 *AB* 与 *CD* 重合。

（25）单击"尺寸"按钮，在矩形截面上标注尺寸，如图 1-14 所示。

图 1-14　标注尺寸

（26）单击"确定"按钮，在操控面板中对"拉伸为"选取"实体"选项，对"深度"类型选取"不通孔"选项，把"角度"设为 360°。

（27）单击"确定"按钮，创建旋转特征；按<Ctrl+D>组合键，切换到标准方向视角，如图 1-15 所示。

（28）先单击"模型"选项卡，再单击"拉伸"按钮；在操控面板中单击"放置"按钮 放置，然后在"草绘"滑动面板中单击 定义... 按钮。

（29）选取 TOP 基准平面作为草绘平面，以 RIGHT 基准平面为参考平面，方向向右。

（30）在【草绘】对话框中单击 草绘 按钮，进入草绘模式。

（31）单击"草绘视图"按钮，定向使草绘平面与屏幕平行。

（32）单击"圆心和点"按钮，在工作区绘制一个圆（φ8mm），如图 1-16 所示。

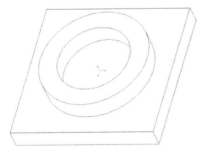

图 1-15　创建旋转特征

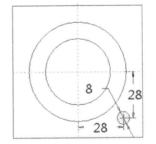

图 1-16　绘制一个圆（φ8mm）

（33）单击"确定"按钮，在操控面板中对"拉伸为"选取"实体"选项，对"深度"类型选取"通孔"选项，单击"移除材料"按钮，如图 1-17 所示。

图 1-17　单击"移除材料"按钮

（34）单击"确定"按钮☑，创建一个切除特征，如图 1-18 所示。

（35）先单击"模型"选项卡，再单击"拉伸"按钮；在操控面板中单击 放置 按钮，然后在"草绘"滑动面板中单击 定义... 按钮。

（36）选取大平面作为草绘平面，以 RIGHT 基准平面为参考平面，方向向右。

（37）在【草绘】对话框中单击 草绘 按钮。

（38）进入草绘模式。单击"草绘视图"按钮，定向使草绘平面与屏幕平行。

（39）单击"同心圆"按钮，选择小孔的边线，绘制一个同心圆（ϕ15mm），如图 1-19 所示。

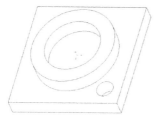

图 1-18　创建一个切除特征

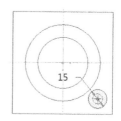

图 1-19　绘制一个同心圆

（40）单击"确定"按钮☑，在"拉伸"操控面板中对"深度"类型选取"不通孔"选项，把"深度"设为 5mm；单击"反向"按钮和"移除材料"按钮，具体参数设置如图 1-20 所示。

图 1-20　设置"拉伸"操控面板参数

（41）单击"确定"按钮☑，创建一个切除特征，如图 1-21 所示。

（42）在模型树中选择" 拉伸 2"，如图 1-22 所示。

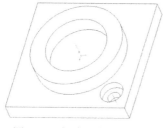

图 1-21　创建一个切除特征

图 1-22　选择"拉伸 2"

（43）单击"几何阵列"按钮，先在操控面板中选取 轴 选项，然后在绘图区选取圆环的中心轴。在"阵列"操控面板中把"成员数"设为 4，"成员间的角度"设为 90°，如图 1-23 所示。

图 1-23　设置"阵列"操控面板参数

（44）单击"确定"按钮 ，创建的阵列特征如图 1-24 所示。

（45）采用相同的方法，将" 拉伸 3"创建阵列特征。

（46）单击"倒圆角"按钮 ，创建圆环边线的圆角特征（R3mm）。

（47）单击"边倒角"按钮 ，创建 4 个倒角特征（4mm×4mm），如图 1-25 所示。

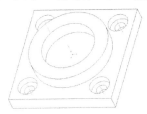

图 1-24　创建阵列特征

图 1-25　创建圆角与倒角特征

2. 轴套

本节通过绘制轴套零件图，重点讲述在运用 Creo 7.0 建模过程中，如何将一个复杂零件的建模过程分解成若干简单的步骤，轴套零件图如图 1-26 所示。

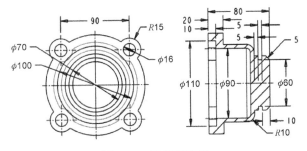

图 1-26　轴套零件图

（1）启动 Creo 7.0，在 Creo 7.0 的起始界面下单击"选择工作目录"按钮，如图 1-2 所示。选取 D：\Creo 7.0 Ptc\Work\为工作目录。

（2）单击"新建"按钮 ，在【新建】对话框中对"类型"选取"◉ 零件"选项，"子类型"选取"◉ 实体"选项；把"名称"设为"zhoutao"，取消"☑使用默认模板"前面的"√"。

（3）先单击 确定 按钮，在【新文件选项】对话框中选择"mmns_part_solid_abs"选项，再单击 确定 按钮。

（4）先单击"旋转"按钮，然后在操控面板中单击 放置 按钮，最后在"草绘"滑动面板中单击 定义... 按钮。

（5）选取 FRONT 基准平面作为草绘平面，以 RIGHT 基准平面为参考平面，方向向右。

（6）在【草绘】对话框中单击 草绘 按钮，进入草绘模式。

（7）单击"草绘视图"按钮，定向使草绘平面与屏幕平行。

（8）单击"基准"区域的"中心线"按钮，沿 X 轴创建一条水平中心线。

（9）单击"拐角矩形"按钮，在工作区绘制矩形截面（20mm×65mm），其中一个顶点与坐标系原点重合，如图 1-27 所示。

（10）单击"确定"按钮，在操控面板中对"拉伸为"选取"实体"选项，对"深度"类型选取"不通孔"选项，把"角度"设为360°。

（11）单击"确定"按钮，创建第一个旋转特征，按<Ctrl+D>组合键，切换成标准视角后的圆形实体如图 1-28 所示。

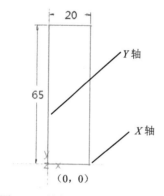

图 1-27　绘制矩形截面　　　　　　　图 1-28　切换成标准视角后的圆形实体

（12）采用相同的方法，创建第二个旋转特征，所绘制的截面尺寸为 40mm×50mm，如图 1-29 和图 1-30 所示。

（13）按照相同的方法，创建第三个（ϕ70mm×5mm）、第四个（ϕ60mm×5mm）、第五个（ϕ70mm×10mm）旋转特征，如图 1-31 所示。

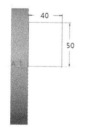

图 1-29　绘制截面　　　图 1-30　创建第二个旋转特征　　　图 1-31　创建其他旋转特征

（14）先单击"旋转"按钮，然后在操控面板中单击 放置 按钮，最后在"草绘"滑动面板中单击 定义… 按钮。

（15）选取 FRONT 基准平面作为草绘平面，以 RIGHT 基准平面为参考平面，方向向右。

（16）在【草绘】对话框中单击 草绘 按钮，进入草绘模式。

（17）单击"草绘视图"按钮，定向使草绘平面与屏幕平行。

（18）单击"基准"区域的"中心线"按钮，沿 X 轴创建一条中心线。

（19）单击"拐角矩形"按钮，绘制一个矩形（10mm×55mm），如图 1-32 所示。

（20）单击"确定"按钮，在操控面板中对"拉伸为"选取"实体"选项；对"深度"类型选取"不通孔"选项，把"角度"设为 360°，选取"移除材料"选项。

（21）单击"确定"按钮，创建第一个旋转切除特征（切换视角后），如图 1-33 所示。

（22）按照同样的方法，创建第二个旋转切除特征，其截面尺寸为（55mm×45mm）如图 1-34 所示。

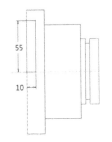  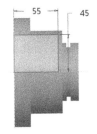

图 1-32　绘制一个矩形　　　图 1-33　创建第一个旋转切除特征　　　图 1-34　绘制截面

（23）单击"确定"按钮，创建第三个旋转切除特征（切换视角后），如图 1-35 所示。

（24）单击"倒圆角"按钮，创建倒圆角特征（R10mm），如图 1-36 所示

（25）单击"边倒角"按钮，创建倒角特征（5mm×5mm），如图 1-37 所示。

  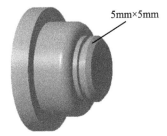

图 1-35　第三个旋转切除特征　　　图 1-36　创建倒圆角特征　　　图 1-37　创建倒角特征

（26）先单击"拉伸"按钮，在操控面板中单击 放置 按钮，然后在"草绘"滑动面板中单击 定义… 按钮。

（27）选取 RIGHT 基准平面作为草绘平面，以 TOP 基准平面为参考平面，方向向左。

（28）在【草绘】对话框中单击 草绘 按钮，进入草绘模式。

（29）单击"草绘视图"按钮 ，定向使草绘平面与屏幕平行。

（30）单击"圆心和点"按钮 ，在工作区绘制一个圆（ϕ30mm），如图 1-38 所示。

（31）单击"确定"按钮 ，在操控面板中对"拉伸为"选取"实体"选项 ，对"深度"类型选取"不通孔"选项 ，把"深度"设为 20mm。

（32）单击"确定"按钮 ，创建一个实体特征，如图 1-39 所示。

（33）先单击"拉伸"按钮 ，在操控面板中单击 放置 按钮，然后在"草绘"滑动面板中单击 定义... 按钮，在【草绘】对话框上单击 使用先前的 按钮。

（34）单击"草绘视图"按钮 ，定向使草绘平面与屏幕平行。

（35）单击"同心"按钮 ，在工作区绘制一个同心圆（ϕ16mm），如图 1-40 所示。

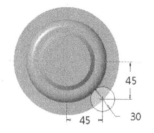
图 1-38　绘制截面圆

图 1-39　创建一个实体特征

图 1-40　绘制一个同心圆

（36）单击"确定"按钮 ，在操控面板中对"拉伸为"选取"实体"选项 ，对"深度"类型选取"通孔"选项 ，选取"移除材料"按钮 。

（37）单击"确定"按钮 ，创建一个切除实体特征，即通孔特征，如图 1-41 所示。

（38）按住<Ctrl>键，在模型树中选取" 拉伸 1"和" 拉伸 2"，单击鼠标右键，选择"分组"命令按钮 ，" 拉伸 1"和" 拉伸 2"合并成一个组。

（39）在模型树中先选取上一步骤创建的组，再单击"几何阵列"按钮 ，在"阵列"操控面板中对"阵列类型"选取"轴"选项，选取大圆柱的中心轴，在操控面板中把"成员数"设为 4，"成员间的角度"设为 90°，"阵列"操控面板参数设置参考图 1-23。

（40）单击"确定"按钮 ，创建的阵列特征如图 1-42 所示。

（41）单击"保存"按钮 ，保存文档。

图 1-41　创建特征

图 1-42　创建的阵列特征

3．垫板

本节通过绘制垫板零件图，重点讲述在运用 Creo 7.0 建模过程中，如何将垫板这个比较复杂的零件建模过程分解成若干简单的步骤。垫板零件图如图 1-43 所示。

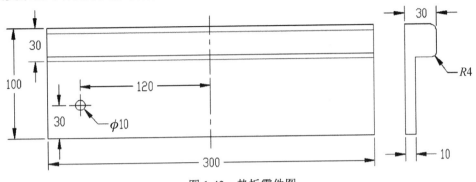

图 1-43　垫板零件图

（1）启动 Creo 7.0，在 Creo 7.0 的起始界面下单击"选择工作目录"按钮，参考图 1-2，选取 D：\Creo 7.0 Ptc\Work\为工作目录。

（2）单击"新建"按钮 ，在【新建】对话框中对"类型"选取"◉☐零件"选项，"子类型"选取"◉ 实体"选项；把"名称"设为"dianban"，取消"☑使用默认模板"前面的"√"，参考图 1-3。

（3）先单击"拉伸"按钮 ，然后在操控面板中单击 放置 按钮，然后在"草绘"滑动面板中单击 定义… 按钮。

（4）选取 FRONT 基准平面作为草绘平面，以 RIGHT 基准平面为参考平面，方向向右。

（5）在【草绘】对话框中单击 草绘 按钮，进入草绘模式。

（6）单击"草绘视图"按钮 ，定向使草绘平面与屏幕平行。

（7）单击"线链"按钮 ，绘制一个截面，如图 1-44 所示。

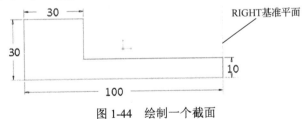

图 1-44　绘制一个截面

（8）单击"确定"按钮 ，在操控面板中对"拉伸为"选取"实体"选项 ，对"深度"类型选取"对称"选项 ，把"深度"设为 300mm。

（9）单击"确定"按钮 ，创建一个实体特征，如图 1-45 所示。

（10）单击"倒圆角"按钮 ，创建圆角特征（R5mm），如图 1-46 所示。

（11）单击"孔"特征按钮 ，选取零件的表面为作孔特征的放置面。

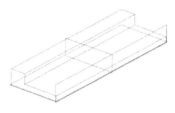

图 1-45　创建一个实体特征

图 1-46　创建圆角特征

（12）把孔特征的两个定位手柄分别移到 RIGHT 基准平面与 FRONT 基准平面上，并修改孔特征参数，把"直径"设为φ10mm，孔中心与 FRONT 基准平面的距离设为 120mm，孔中心与 RIGHT 基准平面的距离设为 30mm，如图 1-47 所示。

（13）单击"确定"按钮☑，创建的孔特征如图 1-48 所示。

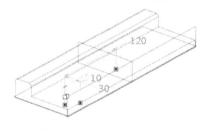

图 1-47　孔特征参数设置

图 1-48　创建的孔特征

提示： 在图 1-5 中遇到的命令选项旁边没有中文字符的情况，如图 1-49 所示。

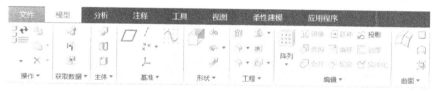

图 1-49　在命令选项旁边没有中文字符的情况

解决的办法是，把光标放在"形状"字符附近，单击鼠标右键，在弹出的快捷菜单中取消"隐藏命令标签"前面的"√"，如图 1-50 所示。

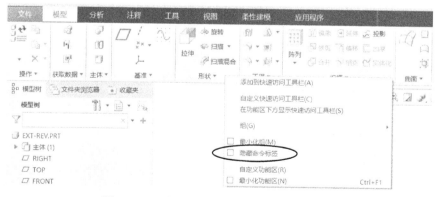

图 1-50　取消"隐藏命令标签"前面的"√"

4. 给 Creo 初学者的几点建议

（1）将一个复杂的零件建模过程分解为若干简单的步骤。

（2）在创建实体时，尽量绘制较简易的剖面，避免使用太多的倒圆角（倒斜角）。若确有必要，则可以在实体上进行倒圆角（倒斜角），这样能使复杂的图形简单化。

（3）尽量使用阵列、镜像等方式创建零件上的相同特征。

（4）保持剖面简洁，利用增加其他特征来完成复杂形状，这样所绘制的几何模型更容易修改。

（5）在创建实体时，尽量选择基准平面为草绘平面，方便以后修改实体。

（6）多与别人交流学习 Creo 7.0 的经验与体会。

第2章 基本特征设计

本章以几个简单的零件为例，详细介绍 Creo 7.0 中的基本特征（如拉伸、旋转、平行混合、旋转混合、扫描等命令）的使用。

1. 平行混合特征之一——天圆地方

（1）启动 Creo 7.0，建立一个新文件，把该文件命名为"blend_1"。单击 形状▼ 按钮，然后选取"混合"选项 。在操控面板中单击 截面 按钮，在滑动面板中选取"◉草绘截面"，单击 定义... 按钮，选取 TOP 基准平面作为草绘平面，以 RIGHT 基准平面为参考平面，方向向右。绘制一个截面矩形（100mm×100mm），矩形中心在原点位置，如图 2-1 所示。

（2）用鼠标左键选择矩形左上角的顶点，再长按鼠标右键，选择"起点"命令，矩形左上角的顶点出现一个箭头，如图 2-1 所示，单击"确定"按钮 。

（3）在操控面板中单击 截面 按钮，在滑动面板中选取"◉草绘截面"，对"草绘平面位置定义方式"选取"◉偏移尺寸"选项，对"偏移自"选取"截面 1"选项，把距离设为 30mm。

（4）单击 草绘... 按钮，单击"圆心和点"按钮 ，以原点为圆心，绘制一个圆（ϕ90mm）。

（5）单击"草绘"区域的"中心线"按钮 ，绘制出两条中心线。把这两条中心线与 X 轴的夹角都设为 45°，如图 2-2 所示。

（6）单击"分割"按钮 ，在中心线与圆的相交处，把圆弧分成 4 段。此时，箭头为任一方向，如图 2-3 所示。

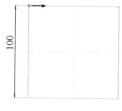

图 2-1 绘制矩形

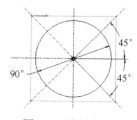

图 2-2 绘制中心线

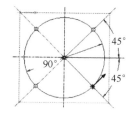

图 2-3 将圆弧分成 4 段

（7）用鼠标左键选择矩形左上角的交点，单击鼠标右键，在弹出的快捷菜单中选取"起点"选项，圆形截面与方形截面的箭头位置必须对应（箭头方向可以不同），如图 2-4 所示。

（8）单击"确定"按钮，创建混合实体特征（天圆地方），如图 2-5 所示。

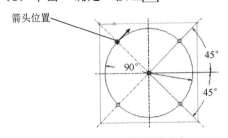

图 2-4 两箭头的位置对应

图 2-5 天圆地方的混合实体特征

2. 平行混合特征之二——天八地四

（1）启动 Creo 7.0，建立一个新文件，把该文件命名为"blend_2"。先在模型环境下单击 形状▼ 按钮，再选取"混合"选项，在操控面板中单击 截面 按钮，在滑动面板中选取"◉草绘截面"选项，单击 定义… 按钮，选取 TOP 基准平面作为草绘平面，以 RIGHT 基准平面为参考平面。单击"中心矩形"按钮，以原点为中心，绘制一个矩形截面（100mm×100mm），如图 2-6 所示，单击"确定"按钮。

（2）单击"分割"按钮，把 AB 线段在中点处打断，然后选取 AB 的中点，长按鼠标右键，在下拉菜单中选取"起点"，将 AB 中点设为起点，箭头移到 AB 中点处（箭头方向为任一方向），如图 2-6 所示。

（3）选取矩形左上角的顶点，单击鼠标右键，在弹出的快捷菜单中选取"混合顶点"选项。

（4）采用相同的方法，将矩形的其余 3 个顶点都设为混合顶点。

（5）单击"确定"按钮，在操控面板中单击 截面 按钮，在滑动面板中选取"◉草绘截面"；对"草绘平面位置定义方式"选取"◉偏移尺寸"选项，"偏移自"选取"截面 1"选项，把"距离"设为 30mm。

（6）单击 草绘… 按钮，在快捷菜单中单击"选项板"按钮，在【草绘器调色板】对话框中，把八边形图标拖入绘图区，如图 2-7 所示。

（7）把八边形的中点拖到坐标系原点处，并把其尺寸改为 80mm，如图 2-8 所示。

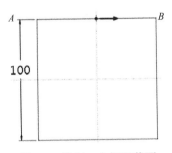

图 2-6 绘制一个矩形截面并设定起始点

图 2-7 选取"八边形"

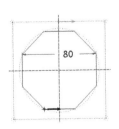

图 2-8 绘制八边形并改尺寸

（8）单击"分割"按钮，把八边形 *CD* 线段在中点处打断，然后选取 *CD* 线段的中点；长按鼠标右键，在下拉菜单中选取"起点"。将 *CD* 线段的中点设为起点，把箭头移到 *CD* 线段中点处（箭头方向为任一方向），如图 2-9 所示。

（9）单击"确定"按钮，创建混合实体特征（天八地四），如图 2-10 所示。

提示：因为四边形与八边形的边数不相等，四边形的一个顶点对应八边形的两个顶点，所以，四边形的顶点应设为"混合顶点"。

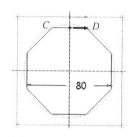

图 2-9　设定起点位置

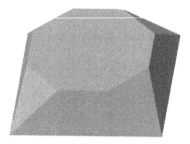

图 2-10　天八地四的混合实体特征

3. 旋转混合特征——戒指

（1）启动 Creo 7.0，建立一个新文件，把该文件命名为"blend_3"。在模型环境下单击 形状 按钮，在下拉菜单中选取"旋转混合"选项，在操控面板中单击 截面 按钮；在滑动面板中选取"◉草绘截面"，单击 定义... 按钮。选取 TOP 基准平面作为草绘平面，以 RIGHT 基准平面为参考平面，绘制第一个截面。单击"相切"按钮，使圆弧与直线相切，如图 2-11 所示。

（2）单击"坐标系"按钮，在原点插入坐标系，在"基准"区域中单击"中心线"按钮，通过原点插入竖直中心线，如图 2-11 所示。

（3）单击"确定"按钮，在操控面板中单击 截面 按钮，在滑动面板中选取"◉草绘截面"选项；对"草绘平面位置定义方式"选取"◉偏移尺寸"选项，"偏移自"选取"截面 1"选项，把"角度"设为 120°。

（4）先单击 草绘 按钮，再单击"草绘视图"按钮，切换到草绘视图。

（5）先单击"圆心和点"按钮，绘制一个圆（$\phi2\mathrm{mm}$）；再单击"草绘"区域的"中心线"按钮，绘制两条中心线，并使这两条中心线与 *X* 轴的夹角为 45°。单击"分割"按钮，在圆周与中心线相交处把圆弧分成 4 段，并把箭头的位置设为与第一个截面箭头的位置一致，如图 2-12 所示。

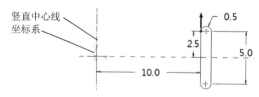

图 2-11　绘制第一个截面并插入竖直中心线

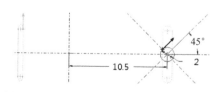

图 2-12　绘制第二个截面并设置箭头位置

（6）单击"确定"按钮✓，在操控面板中单击 截面 按钮，在滑动面板中选取"◉草绘截面"选项；单击 插入 按钮，对"草绘平面位置定义方式"选取"◉偏移尺寸"，"偏移自"选取"截面 2"选项，把"角度"设为 120°。

（7）单击 草绘 按钮，绘制第三个截面，如图 2-13 所示。

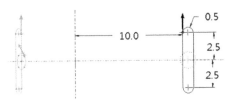

图 2-13　绘制第三个截面

（8）单击"确定"按钮✓，在 选项 滑动面板中选取"◉直"选项，创建直的旋转混合体，如图 2-14 所示。如果在"选项"滑动面板中选取"◉平滑"选项，那么就可创建平滑的旋转混合体，如图 2-15 所示；如果在"选项"滑动面板中勾选"☑连接终止截面与起始截面"，那么就可创建封闭的旋转混合体，如图 2-16 所示。

图 2-14　直的旋转混合体　　　图 2-15　平滑的旋转混合体　　　图 2-16　封闭的旋转混合体

提示：旋转混合特征的各截面所在的平面相交于同一直线，各截面之间的夹角小于 120°。

4．一般混合特征（麻花钻）：截面可绕 $X\backslash Y\backslash Z$ 轴旋转且有一定量的位移

（1）启动 Creo 7.0，建立一个新文件，把该文件命名为"blend_4"。在模型环境下单击 形状▼ 按钮，在下拉菜单中选取"混合"选项，在操控面板中单击 截面 按钮，在滑动面板中选取"◉草绘截面"选项；单击 定义... 按钮，选取 TOP 基准平面作为草绘平面，以 RIGHT 基准平面为参考平面，绘制一个截面，如图 2-17 所示。

（2）单击"保存"按钮，保存该截面图形，以便在后续的设计过程中可以多次调用。

（3）单击"确定"按钮✓，在操控面板中单击 截面 按钮，在滑动面板中选取"◉草绘截面"选项；对"草绘平面位置定义方式"选取"◉偏移尺寸"选项，"偏移自"选取"截面 1"选项，把"距离"设为 5mm。

（4）单击 草绘... 按钮，在工作区的上方单击"选项板"按钮，在"草绘器调色板"中选取"work"（这里的"work"指的是截面图形保存的目录），如图 2-18 所示。

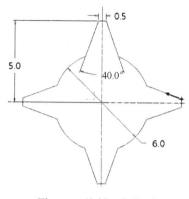

图 2-17　绘制一个截面

图 2-18　选取 "work"

（5）把截面图形拖入工作区，并将截面的中心与坐标系原点对齐，在操控面板中把 "角度" 设为 45°，"比例" 设为 1，如图 2-19 所示。

图 2-19　操控面板

（6）单击 "确定" 按钮 ☑，添加第二个截面，如图 2-20 所示。

（7）单击 "确定" 按钮 ☑，在操控面板中单击 截面 按钮，在滑动面板中选取 "◉草绘截面" 选项；单击 插入 按钮，对 "草绘平面位置定义方式" 选取 "◉偏移尺寸" 选项，"偏移自" 选取 "截面 2" 选项，把 "距离" 设为 5mm。

（8）再按前面的方法添加 4 个截面，共创建 6 个截面。把每个截面与前一个截面的距离设为 5mm，第三个截面的旋转角度设为 90°，第四个截面的旋转角度设为 135°，第五个截面的旋转角度设为 180°，第六个截面的旋转角度设为 225°。

（9）单击 "确定" 按钮 ☑，创建一个混合特征（麻花钻），如图 2-21 所示。

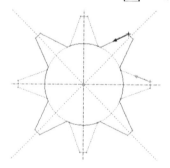

图 2-20　添加第二个截面

图 2-21　创建一个混合特征（麻花钻）

提示：创建混合特征时，要求各截面有相同数量的图素。如果各截面图素的数量不相等，那么可通过打断或增加混合顶点来实现。

5. 扫描特征

（1）启动 Creo 7.0，建立一个新文件，把该文件命名为"sweep_1"。在模型环境下单击"扫描"按钮 ⬛，在操控面板的右边单击"⬛基准"按钮；在下拉菜单中选取"草绘"选项 ⬛，选取 TOP 基准平面作为草绘平面，以 RIGHT 基准平面为参考平面，绘制一个椭圆，如图 2-22 所示。

（2）先单击"确定"按钮 ✅，再单击"退出暂停模式"按钮 ▶；在操控面板中单击"创建或编辑扫描截面"按钮 🔲 → "草绘视图"按钮 🔄，绘制一个截面，如图 2-23 所示。

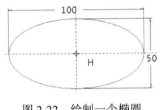

图 2-22　绘制一个椭圆

图 2-23　绘制一个截面

（3）单击"确定"按钮 ✅，创建一个扫描特征，如图 2-24 所示。

6. 螺纹扫描特征

（1）启动 Creo 7.0，建立一个新文件，把该文件命名为"sweep_2"。在模型环境下单击"旋转"按钮 🔄，绘制一个旋转体，如图 2-25 所示。

图 2-24　创建一个扫描特征

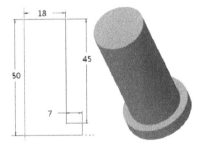

图 2-25　绘制一个旋转体

（2）单击"螺旋扫描"按钮 ⬛，在操控面板的右边先单击 参考 按钮，再单击 定义… 按钮，绘制一条直线和圆弧；单击"基准"区域的"中心线"按钮 ⬛，绘制一条竖直中心线，如图 2-26 所示。

（3）单击"确定"按钮 ✅，在操控面板中单击"创建或编辑扫描截面"按钮 🔲，绘制一个等边三角形，如图 2-27 所示。

（4）单击"确定"按钮 ✅，在操控面板中选取"移除材料"选项 🔲，把"螺距" ⬛设为 4mm。

（5）单击"确定"按钮 ✅，创建一个螺纹，如图 2-28 所示。

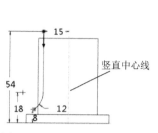

图 2-26 绘制一条竖直中心线

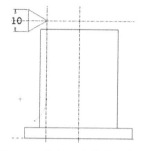

图 2-27 绘制一个等边三角形

图 2-28 创建一个螺纹

7. 变截面扫描特征

（1）启动 Creo 7.0，建立一个新文件，把该文件命名为"sweep_3"。在模型环境下单击"草绘"按钮▦，以 TOP 基准平面为草绘平面，绘制一条直线，如图 2-29 所示。

（2）单击"确定"按钮✔→"草绘"按钮▦，以 TOP 基准平面为草绘平面，绘制两条曲线（可以是样条曲线），如图 2-30 所示。绘制完毕，单击"确定"按钮✔。

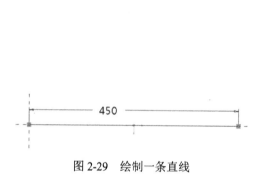

图 2-29 绘制一条直线

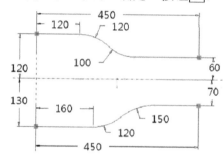

图 2-30 绘制两条曲线

（3）单击"确定"按钮✔→"草绘"按钮▦，以 FRONT 基准平面为草绘平面，任意绘制两条曲线（可以是样条曲线），如图 2-31 所示。绘制完毕，单击"确定"按钮✔。

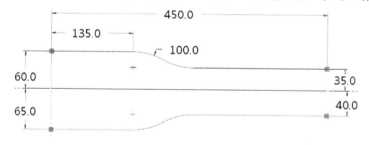

图 2-31 绘制第三和第四条曲线

（4）单击"确定"按钮✔，在模型环境下单击"扫描"按钮▱，先选取按照图 2-29 创建的直线为主曲线，按住<Ctrl>键，再选取其余 4 条曲线，如图 2-32 所示。

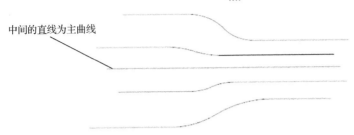
中间的直线为主曲线

图 2-32　先选直线，再取其余 4 条曲线

（5）在操控面板中选取"创建或编辑扫描截面"选项和"可变截面"选项，经过曲线的端点绘制一个矩形截面（也可以是圆形或样条曲线），如图 2-33 所示。

（6）单击"确定"按钮，创建一个可变截面扫描实体，如图 2-34 所示。

注意：运用变截面扫描命令创建实体时，截面所在的平面必须与主曲线垂直。

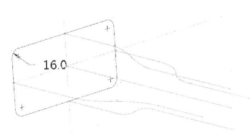

图 2-33　经过端点绘制一个矩形截面

图 2-34　创建可变截面扫描实体

8. 图形控制变截面扫描——螺杆限位槽（往复槽）

（1）启动 Creo 7.0，建立一个新文件，把该文件命名为"sweep_4"。然后，单击"旋转"按钮，创建一个圆柱，其截面如图 2-35 所示。

（2）先单击"模型"选项卡，再单击 基准 ▼ 按钮，在下拉菜单中选取"图形"选项，如图 2-36 所示。

（3）输入图形名称：ASD，单击"确定"按钮后，进入草绘模式。

（4）单击"坐标系"按钮，插入坐标系。然后，绘制两段相切的圆弧，圆弧的起点和终点在同一水平线上，如图 2-37 所示。

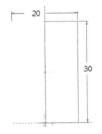

图 2-35　圆柱截面

图 2-36　选取"图形"选项

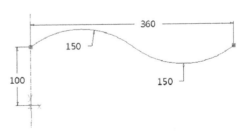

图 2-37　绘制两段相切的圆弧

（5）单击"确定"按钮☑→"扫描"按钮，选取圆柱底圆边线。然后按住<Shift>键，选取底圆的整条边线，如图 2-38 所示。

（6）在操控面板中单击"创建或编辑扫描截面"按钮☑，绘制一个截面，如图 2-39 所示。

（7）在横向菜单"工具"选项卡中单击"d=关系"按钮，在文本框中输入关系式：sd#=evalgraph（"ASD",trajpar*360）/10。其中，"（"等符号必须在非中文输入法中输入），单击"确定"按钮☑。

"evalgraph"是用参数绘制曲线的函数，"ASD"是图 2-37 的文件名，trajpar*360 表示长度为 360mm 的曲线上对应各点的横坐标（"evalgraphsd#"中的"#"是一个数字，指图 2-39 中标注为 8 的编号，不同型号的计算机在绘制此图时的编号可能不相同），整个函数的返回值是各点的纵坐标。

sd#=evalgraph（"ASD",trajpar*360）/10 的含义：图 2-39 中 3mm×5mm 的矩形截面与圆柱下底面的距离等于图 2-37 中长度为 360mm 曲线上对应各点的纵坐标除以 10。

（8）单击"草绘"模式下的"确定"按钮☑。

（9）在操控面板中选取"移除材料"按钮☑与"可变截面"按钮☑，然后单击"确定"按钮☑，创建螺杆限位槽（往复槽），如图 2-40 所示。

图 2-38　选取底圆边线

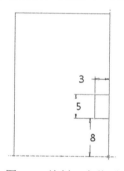
图 2-39　绘制一个截面

图 2-40　创建螺杆限位槽

9．图形控制变截面扫描——正弦槽

（1）启动 Creo 7.0，建立一个新文件，把该文件命名为"sweep_5"，创建一个长方体（20mm×10mm×2mm）。

（2）单击"扫描"按钮，选取长方体的边线为轨迹线，如图 2-41 所示。

（3）在操控面板中单击"创建或编辑扫描截面"按钮☑，绘制一个截面，如图 2-42 所示。

图 2-41　选取轨迹线

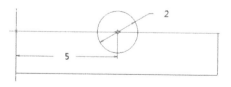
图 2-42　绘制一个截面

（4）在横向菜单"工具"选项卡中选取"d=关系"按钮，在文本框中输入关系式：sd#=5+3*sin（trajpar*360）（sd#中的"#"是一个数字，指的是图 2-42 中标注为 5 的编号，每台计算机的代码可能不同），单击 确定 按钮。

（5）单击"草绘"模式下的"确定"按钮。

（6）在操控面板中选取"移除材料"按钮与"可变截面"按钮，单击"确定"按钮，创建正弦曲线槽，如图 2-43 所示。

10．弹簧

（1）启动 Creo 7.0，建立一个新文件，把该文件命名为"sweep_6"，单击"草绘"按钮，以 FRONT 基准平面为草绘平面，创建一条轨迹线，如图 2-44 所示，单击"确定"按钮。

（2）单击"基准轴"按钮，选取 FRONT 基准平面；按住<Ctrl>键，选取 RIGHT 基准平面，单击 确定 按钮，创建基准轴，如图 2-45 所示。

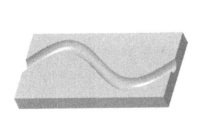

图 2-43　正弦曲线槽

图 2-44　创建一条轨迹线

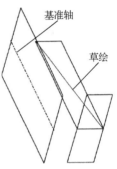

图 2-45　创建基准轴

（3）单击"螺旋扫描"按钮，按住<Ctrl>键，先选取轨迹线，再选取基准轴。

（4）在操控面板中单击"创建或编辑扫描截面"按钮，在轨迹线的端点绘制一个截面，把"直径"设为 5mm，如图 2-46 所示。绘制完毕，单击"确定"按钮。

（5）在操控面板中把"螺距"设为 8mm，单击"确定"按钮，创建一个弹簧，如图 2-47 所示。

图 2-46　在轨迹线的端点绘制一个截面

图 2-47　创建一个弹簧

11. 拉伸-旋转混合——鸟巢

（1）启动 Creo 7.0，建立一个新文件，把该文件命名为"Swept Blend_1"。

（2）单击"草绘"按钮🔲，以 FRONT 基准平面为草绘平面，绘制一个草图，如图 2-48 所示。然后，单击"确定"按钮。

（3）在模型树中选取"草绘 1"，再单击"镜像"按钮🔲，以 RIGHT 基准平面为镜像平面，镜像上一步骤创建的草图，如图 2-49 所示。

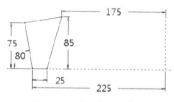

图 2-48　绘制一个草图

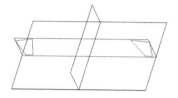

图 2-49　镜像草图

（4）单击"拉伸"按钮🔲，在操控面板中单击 放置 按钮，在"草绘"滑动面板中单击 定义... 按钮；选取 RIGHT 基准平面作为草绘平面，以 TOP 基准平面为参考平面，方向向上；单击 草绘 按钮，绘制另一个草图，如图 2-50 所示。

（5）单击"确定"按钮✓，在操控面板中对"拉伸类型"选取"对称"选项🔲，把"长度"设为 100mm，创建一个拉伸体，如图 2-51 所示。

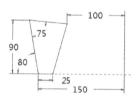

图 2-50　绘制另一个草图

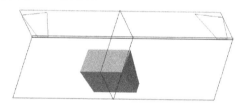

图 2-51　创建一个拉伸体

（6）在模型树中选取"拉伸 1"选项，再单击"镜像"按钮🔲，以 FRONT 基准平面为镜像平面，制作前面创建的拉伸体副本，如图 2-52 所示。

（7）在模型环境下单击"形状▶"，在下拉菜单中选取"旋转混合"选项🔲；在操控面板中单击 截面 按钮，在滑动面板中选取"◉选定截面"选项；选取第一个拉伸体左侧端面的边线（选取边线时，先选其中一条边线，再按住<Shift>键，依次选取其余边线），再单击 插入 按钮；选取左侧的草图，再单击 插入 按钮，选取第二个拉伸体左侧端面的边线，创建临时的混合扫描特征。此时，混合扫描特征与拉伸特征不相切。

（8）在操控面板中单击 相切 按钮，对"开始截面"选取"相切"选项，拉伸体上出现一条加强显示的线，选取加强显示的线所对应的侧面，另一条线会加强显示；再选取该线所在的侧面，直到所有的侧面全部选取为止，旋转混合特征的侧面与原拉伸体相切。

（9）采用相同的方法，对"终止截面"选取"相切"选项，设定旋转混合扫描实体与拉伸体相切，如图 2-53 所示。

（10）采用相同的方法，创建另一个旋转混合实体如图 2-54 所示。

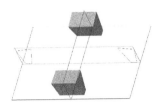

图 2-52　使用"镜像"功能制作拉伸体副本

图 2-53　设定旋转混合扫描实体与拉伸体相切

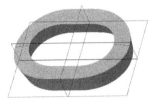

图 2-54　创建另一个旋转混合实体

（11）单击"拉伸"按钮，选取 TOP 基准平面作为草绘平面，在工具栏中单击"投影"按钮，选取实体的底面边线。在操控面板中对"拉伸"类型选取"不通孔"选项，把"深度"设为 10mm，创建一个拉伸体，如图 2-55 所示。

（12）单击"边倒圆"按钮，创建边倒圆角特征（R5mm），如图 2-56 所示。

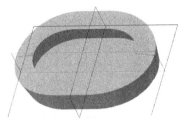

图 2-55　创建一个拉伸体

图 2-56　创建边倒圆角特征

12. 扫描混合特征——弯钩

（1）启动 Creo 7.0，建立一个新文件，把该文件命名为"Swept Blend_2"。

（2）单击"扫描混合"按钮，在操控面板的右边单击"基准"按钮，在下拉滑动面板中单击"草绘"按钮，以 FRONT 基准平面为草绘平面，以 TOP 基准平面为参考平面，绘制轨迹线，如图 2-57 所示。

（3）单击"确定"按钮，在操控面板中单击"退出暂停模式，继续使用此工具"按钮，设定扫描混合的起点（单击箭头，可切换箭头的起点），如图 2-58 所示。

（4）在操控面板中单击 截面 按钮，在滑动面板中选取"⊙草绘截面"，然后单击 草绘 按钮，以坐标系为中心，绘制第一个截面，如图 2-59 所示。

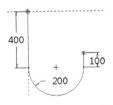

图 2-57　绘制轨迹线

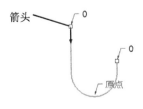

图 2-58　设定起点

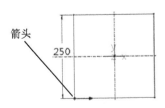

图 2-59　绘制第一个截面

（5）单击"确定"按钮✅，在操控面板中单击 插入 按钮，在轨迹线上选取直线的端点为第二个截面的位置，如图2-60所示。

（6）单击 草绘 按钮，以坐标系为中心，绘制一个ϕ250mm的圆，并绘制两条中心线，将圆弧分成4段，绘制第二个截面，如图2-61所示（注意箭头位置）。

（7）单击"确定"按钮✅，在操控面板中单击 插入 按钮，在轨迹线上选取圆弧的端点为第三个截面的位置，如图2-62所示。

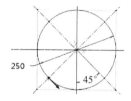

图2-60　选取第二个截面的位置　　图2-61　绘制第二个截面　　图2-62　选取第三个截面的位置

（8）单击 草绘 按钮，以坐标系为中心，绘制一个ϕ100mm的圆，并绘制两条中心线，将圆弧分成4段，绘制第三个截面，如图2-63所示（注意箭头位置）。

（9）单击"确定"按钮✅，在操控面板中单击 插入 按钮，系统默认轨迹线的端点为第四个截面的位置。先单击 草绘 按钮，再单击"点"按钮✕，在轨迹线的端点处绘制一个点。

（10）单击"确定"按钮✅，单击 相切 按钮，对"终止截面"选取"平滑"选项，单击"确定"按钮✅，创建混合扫描特征，如图2-64所示。

提示：如果选取"尖角"的特征，那么"终止截面"是什么形状？

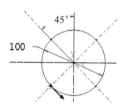

图2-63　绘制第三个截面　　　　　　图2-64　创建混合扫描特征

13．扫描混合特征——门把手

先创建轨迹线与截面，再创建扫描混合特征。

（1）启动Creo 7.0，新建一个文件，把该文件命名为"Swept Blend_3"。

（2）单击"草绘"按钮▦，以FRONT基准平面为草绘平面，再单击"样条"按钮〜，选取原点和另外4个点；单击"尺寸"按钮⊢，对4个点标注尺寸；单击"相切"按钮↗，设定样条曲线与竖直参考线相切，如图2-65所示。

（3）单击"草绘"按钮▦，以TOP基准平面为草绘平面，绘制一个矩形截面（50mm×60mm），矩形的拐角圆弧半径设为R8mm，如图2-66所示。

（4）单击"基准点"按钮⊞，先选取样条曲线，再在【基准点】对话框中选取

"◉参考"选项，按住<Ctrl>键，选取 RIGHT 基准平面，把"距离"设为 250mm。

（5）单击 确定 按钮，创建第一个基准点，如图 2-67 所示。

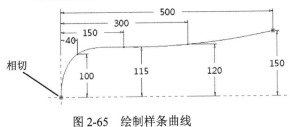

图 2-65 绘制样条曲线

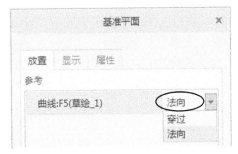

图 2-66 绘制一个矩形截面

（6）采用相同的方法，创建第二个基准点，把该点与 RIGHT 基准平面之间的"距离"设为 100mm。

（7）单击"基准平面"按钮▱，选取样条曲线，在【基准平面】对话框中选取"法向"选项，如图 2-68 所示。

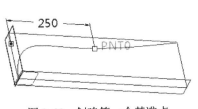

图 2-67 创建第一个基准点

图 2-68 选取"法向"选项

（8）按住<Ctrl>键，选取第一个基准点，创建基准平面。

（9）采用相同的方法，通过第二个基准点以及曲线的端点，创建另外两个基准平面，如图 2-69 所示。

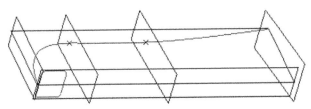

图 2-69 创建 3 个基准平面

（10）单击"草绘"按钮▦，分别以上一步骤创建的基准平面为草绘平面，以 FRONT 基准平面为参考平面，方向向右，绘制 3 个截面。3 个截面绘制步骤分别如图 2-70～图 2-72 所示。

提示：设定基准点与圆弧重合时，基准点的选择方法是先把鼠标放在基准点附近，再单击鼠标右键，在下拉菜单中选取"从列表中拾取"选项，然后在列表中选取基准点。

图 2-70 绘制第一个截面   图 2-71 绘制第二个截面

图 2-72 绘制第三个截面

（11）单击"扫描混合"按钮 ，先选取样条曲线为轨迹线，然后在操控面板中单击 截面 按钮。在滑动面板中选取" ⊙选定截面"，选取第一个截面，单击 插入 按钮；选取第二个截面，单击 插入 按钮；选取第三个截面，单击 插入 按钮，选取第四个截面（选取截面时，必须使每个截面的起始位置对应）。

（12）单击"确定"按钮 ，创建扫描混合特征，如图 2-73 所示。

图 2-73 扫描混合特征

14．变截面扫描——花洒

（1）启动 Creo 7.0，建立一个新文件，把该文件命名为"sweep_7"，单击"草绘"按钮 。以 FRONT 基准平面为草绘平面，创建一段椭圆弧和一条水平线（两者相切）。创建的第一条轨迹线如图 2-74 所示，单击"确定"按钮 。

（2）采用相同的方法，绘制一段圆弧和一条水平线（两者相切），创建的第二条轨迹线如图 2-75 所示。

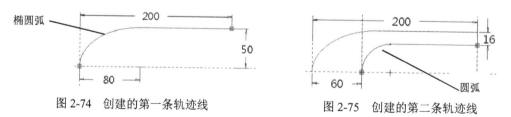

图 2-74 创建的第一条轨迹线   图 2-75 创建的第二条轨迹线

（3）单击"扫描"按钮 ，选取第二条轨迹线；单击箭头，箭头的起点如图 2-76 所示。

图 2-76 选取第二条轨迹线

（4）按住<Ctrl>键，然后选取第一条轨迹线。

（5）在操控面板中单击"创建或编辑扫描截面"按钮，在快捷菜单中单击"3 点/相切端"按键，在两条曲线的两个端点之间绘制一个半圆弧，如图 2-77 所示。

图 2-77 绘制一个半圆弧

（6）采用相同的方法，绘制另一个半圆弧。

（7）单击"确定"按钮，在操控面板中选取"创建薄板特征"选项，把"厚度"设为 2mm。

（8）单击"确定"按钮，创建花洒实体（变截面扫描实体），如图 2-78 所示。

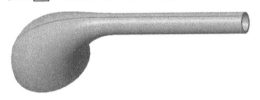

图 2-78 创建花洒实体（变截面扫描实体）

15. 拉伸-旋转

（1）启动 Creo 7.0，建立一个新文件，把该文件命名为"Ext-Rev"。

（2）单击"拉伸"按钮，选取 TOP 基准平面作为草绘平面。在快捷菜单中单击"选项板"按钮，在【草绘器调色板】对话框中把正五边形图标拖入绘图区（参考图 2-7），绘制正五边形，如图 2-79 所示。

（3）单击"确定"按钮，创建一个拉伸特征，把拉伸"高度"设为 50mm。

（4）单击"旋转"按钮，选取 FRONT 基准平面作为草绘平面，绘制一条圆弧（R300mm），圆弧的圆心在 Y 轴上，如图 2-80 所示。

（5）在"基准"区域单击"中心线"按钮，绘制一条竖直中心线，如图 2-80 所示。

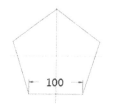

图 2-79　绘制正五边形

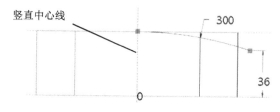

图 2-80　绘制圆弧与中心线

（6）单击"确定"按钮✔，在"旋转"操控面板中选取"曲面"选项□，把"旋转角度"设为 360°，如图 2-81 所示。

图 2-81　"旋转"操控面板参数设置

（7）单击"确定"按钮✔，创建旋转曲面，如图 2-82 所示。

（8）选取曲面，在快捷菜单中单击"实体化"按钮□；在操控面板中先单击"移除材料"按钮□，再单击"反向"按钮□，使工作区的箭头方向朝上。

（9）单击"确定"按钮✔，创建移除特征，如图 2-83 所示。

图 2-82　创建旋转曲面

图 2-83　创建移除特征

16．环形折弯——轮胎

（1）启动 Creo 7.0，新建一个文件，把该文件命名为"luntai.prt"。

（2）单击"拉伸"按钮□，选取 TOP 基准平面作为草绘平面，绘制第一个截面，如图 2-84 所示。

图 2-84　绘制第一个截面

（3）单击"确定"按钮✔，创建第一个拉伸特征，把拉伸"高度"设为 5mm。

（4）单击"拉伸"按钮□，选取实体的上表面作为草绘平面，绘制第二个截面，如图 2-85 所示。

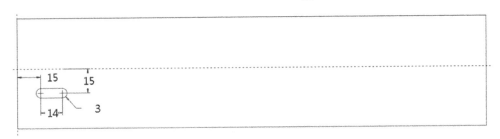

图 2-85　绘制第二个截面

（5）单击"确定"按钮✔，创建第二个拉伸特征，把拉伸"高度"设为 8mm。

（6）选择前面创建的拉伸特征，单击"阵列"按钮⊞，在"阵列"操控面板中对"阵列类型"选取"方向"；在"第一方向"栏中，选取 FRONT 基准平面，把"成员数"设为 4，"间距"设为-10mm；在"第二方向"栏中，选择 单击此处添加项 ，然后选取 RIGHT 基准平面，把"成员数"设为 14，"间距"设为 500/14，如图 2-86 所示。

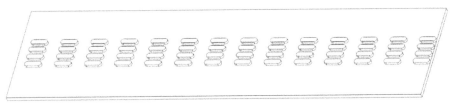

图 2-86　设置"阵列"操控面板参数

（7）单击"确定"按钮✔，创建阵列特征，如图 2-87 所示。

图 2-87　创建的阵列特征

（8）再选取 工程▼ ，然后在下拉菜单中选取"环形折弯"命令○。

（9）在"环形折弯"操控面板中单击 参考 按钮，在"面组和/或实体主体"栏中单击"选择项"，选择实体。然后，单击"轮廓截面"文本框中的 定义... 按钮。

（10）选取 RIGHT 基准平面作为草绘平面，以 TOP 基准平面为参考平面，方向向上，绘制一个截面，如图 2-88 所示。

（11）在"基准"区单击"坐标系"按钮❄，绘制一个基准坐标系，如图 2-88 所示。

（12）单击"确定"按钮✔，在操控面板中选取"360 度折弯"选项，如图 2-89 所示。

（13）先选端面 A，再选端面 B，如图 2-90 所示。

（14）单击"确定"按钮✔，创建 360 度折弯特征，如图 2-91 所示。

（15）在"模型树"中选取"环形折弯 1"，在快捷面板中选取"编辑定义"选项，如图 2-92 所示。在操控面板中选取"折弯半径"选项，把"半径"设为 200mm，则按折弯半径创建的零件如图 2-93 所示。

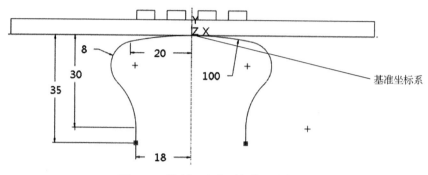

图 2-88　绘制一个截面与基准坐标系

图 2-89　选取"360 度折弯"

图 2-90　选取端面 A 和端面 B

图 2-91　创建"360 度折弯"特征

图 2-92　选取"编辑定义"选项

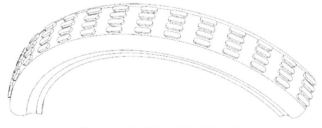

图 2-93　按折弯半径创建的零件

第3章　Pro/ENGINEER 版特征命令的应用

在早期的 Pro/ENGINEER（以下简称 Pro/E）版中，有许多使用非常方便的特征命令（如轴、法兰、环形槽、槽、半径圆顶、截面圆顶、耳、唇），但在 Pro/E 升级到 Creo 后，这些命令没有出现在菜单中。要使用这些命令，必须先加载一个变量，调出这些命令后，才能使用这些 Pro/E 版特征命令。

1. 调用 Pro/E 版特征命令

（1）启动 Creo 7.0，单击"新建"按钮 。在【新建】对话框中对"类型"选取"◉ 零件"选项，"子类型"选取"◉ 实体"选项；单击 确定 按钮，进入建模环境。

（2）先选取"文件"选项卡，再选取" 选项"命令，在【Creo Parametric 选项】对话框中选取"配置编辑器"选项，单击 添加(A)... 按钮；在"选项名称"活动窗口中输入"allow_anatomic_features"，在"选项值"中选取"yes"选项，如图 3-1 所示。

图 3-1　加载变量

（3）连续两次单击 确定 按钮，退出"Creo Parametric 选项"对话框。

（4）单击"文件"选项卡，选取" 选项"命令；单击"自定义"，选取"功能区"选项；单击 新建 ▼ 按钮，选取"新建选项卡（W）"命令，把新创建的选项卡更名为"Pro/E 版特征命令"，如图 3-2 所示。

（5）在"类别"中选取 所有命令 (设计零件) ▼ ，在"名称"栏中选取 ◉ 截面圆顶 ，单击 ➡ 按钮，把"截面圆顶"命令添加到右边"Pro/E 版特征命令"栏中，如图 3-2 所示。

提示：在 Creo 3.0 以前的版本中，该命令的名称是"剖面圆顶"。

（6）采用相同的方法，把"轴…""耳…""唇…""半径圆顶…""环形槽…""法兰…""槽…"等命令添加到"Pro/E 版特征命令"选项卡中去，如图 3-2 所示。

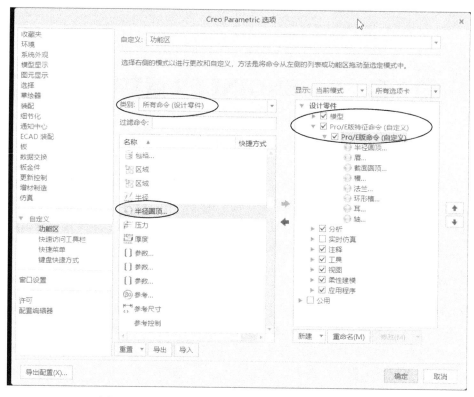

图 3-2 新建 "Pro/E 版特征命令" 选项卡并添加命令

（7）单击 **确定** 按钮，退出 "Creo Parametric 选项" 对话框。在横向菜单中添加 "Pro/E 版特征命令" 选项卡，如图 3-3 所示。如果没有添加 "Pro/E 版特征命令" 选项卡，请在图 3-2 中选取 "Pro/E 版特征命令"。

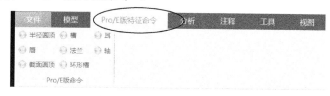

图 3-3 在横向菜单中添加 "Pro/E 版特征命令" 选项卡

本章通过一个实例，将 Pro/E 版基本的命令集中在一个实体中讲解，希望读者对 Pro/E 版的特征命令有一个初步的印象。在开始介绍下面内容前，请读者自行先创建两个长方体，尺寸分别为 100mm×100mm×50mm 与 60mm×60mm×40mm，如图 3-4 所示，把这两个长方体作为创建 Pro/E 版特征命令的基体零件，该零件名称为 old_1.prt。

2. 轴特征

（1）在 "Pro/E 版特征命令" 选项卡中单击 轴 按钮，在【菜单管理器】中选取 "线性" 选项后，单击 "完成" 按钮，如图 3-5 所示。

（2）绘制一个封闭的草图，如图 3-6 所示。

（3）单击"基准"区域中的"中心线"按钮▯，绘制一条竖直中心线，如图 3-6 所示。

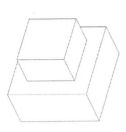

图 3-4　两个长方体

图 3-5　菜单管理器

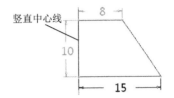

图 3-6　绘制一个封闭的
草图和一条竖直中心线

（4）单击"确定"按钮☑，选取底面①为轴的放置面，侧面②为参考平面，把"距离"设为 15mm；侧面③为参考平面，把"距离"设为 15mm，如图 3-7 所示。

（5）单击　确定　按钮，创建第一个轴特征（小的一端是放置面），如图 3-8 所示。

（6）再次单击 ⊙轴按钮，在【菜单管理器】中选取"同轴"后，单击"完成"按钮。

（7）绘制一个封闭的草图和基准中心线，如图 3-9 所示。

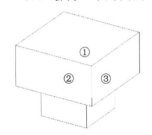

图 3-7　选取放置面和参考平面

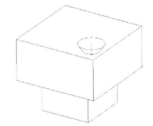

图 3-8　创建第一个轴特征

图 3-9　绘制一个封闭的
草图和一条基准中心线

（8）单击"确定"按钮☑，选取上一步骤创建的轴特征的中心轴及底面，创建第二个轴特征，如图 3-10 所示。

（9）采用相同的方法，创建其他 3 个轴特征，如图 3-11 所示。

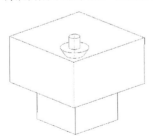

图 3-10　创建第二个轴特征

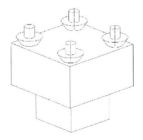

图 3-11　创建其他 3 个轴特征

3. 法兰特征

（1）单击 法兰 按钮，在【菜单管理器】中依次选取"可变""单侧"和"完成"选项。

（2）选取 RIGHT 基准平面作为草绘平面，在【菜单管理器】中单击"确定"按钮；再选取"顶部"选项，从中选择 TOP 基准平面。

（3）绘制一个开放的截面，如图 3-12 所示。

（4）单击"草绘"区域中的"中心线"按钮，绘制一条水平中心线，如图 3-12 所示。

（5）单击"确定"按钮，把法兰的角度设为 250°，创建法兰特征 1，如图 3-13 所示。

注意： 法兰的附着面必须比法兰大，否则不能创建法兰。

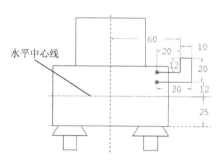

图 3-12　绘制一个开放的截面和一条水平中心线

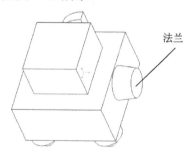

图 3-13　法兰特征 1

（6）单击 法兰 按钮，在【菜单管理器】中依次选取"360""单侧"和"完成"选项。

（7）选取 FRONT 基准平面作为草绘平面，在【菜单管理器】中单击"确定"按钮；再选取"顶部"选项，从中选择 TOP 基准平面。

（8）绘制一个截面（该截面是开放的）与草绘中心线，如图 3-14 所示。

（9）单击"确定"按钮，创建法兰特征 2，如图 3-15 所示。

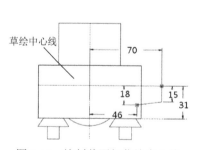

图 3-14　绘制截面与草绘中心线

图 3-15　法兰特征 2

4. 槽特征

（1）单击 槽 按钮，在【菜单管理器】中依次选取"旋转""实体"和"完成"选项；再次选取"单侧"和"完成"选项，从中选取 FRONT 基准平面作为草绘平面，单击"确定"按钮。选取"顶部"选项，选取 TOP 基准平面作为参考平面。

（2）绘制一个截面（该截面是封闭的）与基准中心线，如图 3-16 所示。

（3）单击"确定"按钮☑，在【菜单管理器】中选取"可变"与"完成"选项。

（4）把槽的角度设为 250°，创建槽特征 1，如图 3-17 所示。

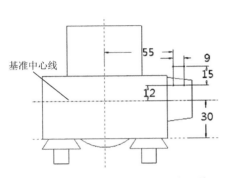

图 3-16　绘制一个截面与基准中心线

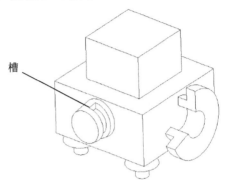

图 3-17　创建槽特征 1

（5）再次单击 槽 按钮，在【菜单管理器】中依次选取"拉伸""实体"和"完成"选项；再次选取"双侧"和"完成"选项，先单击"使用选前的"选项，再单击"确定"按钮。

（6）绘制一个截面（该截面是封闭的），如图 3-18 所示。

（7）单击"确定"按钮☑，在【菜单管理器】中选取"2 侧深度"与"完成"选项。

（8）把"深度 1"设为 20mm，"深度 2"设为 40mm。

（9）单击 确定 按钮，创建槽特征 2，如图 3-19 所示。

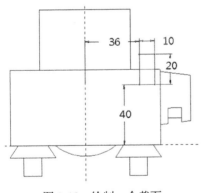

图 3-18　绘制一个截面

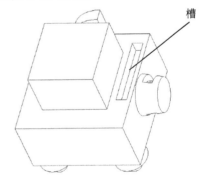

图 3-19　创建槽特征 2

5. 环形槽特征

（1）单击 环形槽 按钮，在【菜单管理器】中依次选取"可变""单侧"和"完成"选项，从中选取 RIGHT 基准平面作为草绘平面，单击"确定"按钮；选取"顶部"选项，从中选取 TOP 基准平面作为参考平面。

（2）绘制一个截面（该截面是开放的）与一条基准中心线，如图 3-20 所示。

（3）单击"确定"按钮☑，在【菜单管理器】中选取"可变"和"完成"选项。

（4）把槽的角度设为 250°，创建环形槽特征，如图 3-21 所示。

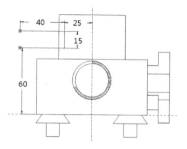

图 3-20　绘制一个截面与一条基准中心线

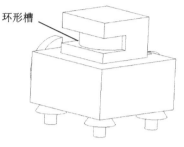

图 3-21　创建环形槽特征

6. 耳特征

（1）单击 🔘耳按钮，在【菜单管理器】中依次选取"可变"和"完成"选项，选取零件前方的侧面作为草绘平面，单击"确定"按钮；选取"顶部"选项，选取 TOP 基准平面作为参考平面。

（2）绘制一个截面（该截面是开放的），如图 3-22 所示。

（3）单击"确定"按钮☑，把"耳"的"厚度"设为 3mm，"半径"设为 10mm，"折弯角"设为 60°，创建耳特征，如图 3-23 所示。

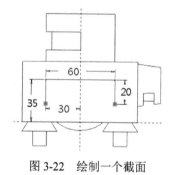

图 3-22　绘制一个截面

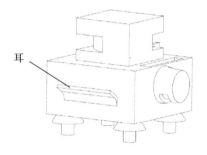

图 3-23　创建耳特征

7. 唇特征

（1）单击 🔘唇按钮，在【菜单管理器】中选取"单一"选项，按住<Ctrl>键，选取圆柱底面的边线，如图 3-24 所示。

（2）在【菜单管理器】中单击"完成"按钮，选取圆柱的底面作为"要偏移的曲面"，把"偏移值"设为 1.5mm，把"从边到拔模面的距离"设为 1mm。

（3）选取圆柱的底面作为拔模参考平面，把拔模角度设为 5°。

（4）单击"确定"按钮☑，创建唇特征，如图 3-25 所示。

（5）采用相同的方法，创建其余 3 个圆柱的唇特征。

8. 半径圆顶特征

（1）单击 [半径圆顶] 按钮，先选取零件顶部的四方形平面，再选取四方形平面的一条侧边，输入圆顶半径 50mm。

（2）单击"确定"按钮，创建圆顶特征，如图 3-26 所示。

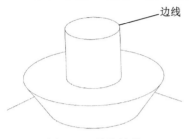

边线

图 3-24　选取边线

唇

图 3-25　创建唇特征

图 3-26　创建圆顶特征

9. 截面扫描圆顶：一条轨迹线，一条剖面线

（1）单击 [截面圆顶] 按钮，在【菜单管理器】中依次选取"扫描""一个轮廓"和"完成"选项，在零件图上先选取正方体上未创建特征的侧面，再选取 FRONT 基准平面作为草绘平面。在【菜单管理器】中依次单击"确定"和"底面"选项，选取 RIGHT 基准平面作为参考平面，绘制一条圆弧（*R*50mm），如图 3-27 所示。

（2）单击"确定"按钮，选取零件的底面为草绘平面，在【菜单管理器】中依次单击"确定"和"底面"选项，再选取 RIGHT 基准平面作为参考平面，绘制一条圆弧（*R*140mm），如图 3-28 所示。

（3）单击"确定"按钮，创建圆顶特征，如图 3-29 所示。

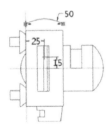

图 3-27　绘制圆弧（*R*50mm）

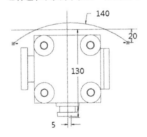

图 3-28　绘制圆弧（*R*140mm）

图 3-29　扫描圆顶特征

读者在开始学习下面内容之前，先重新创建一个长方体（100mm×50mm×25mm）。

10. 截面混合圆顶：一条轨迹线，两条或多条剖面线

（1）单击 [截面圆顶] 按钮，在【菜单管理器】中依次选取"混合""一个轮廓"和"完成"选项，先选取长方体的上表面，再选取长方体的右端面为草绘平面。在【菜单管理器】中单击"确定"→"顶部"选项，选取长方体的上表面为参考平面，绘制截面（*R*100mm），如图 3-30 所示。

（2）单击"确定"按钮☑，选取长方体另一个侧面为草绘平面。在【菜单管理器】中单击"确定"→"顶部"选项，选取长方体的上表面为参考平面，绘制截面（$R200mm$），如图 3-31 所示。

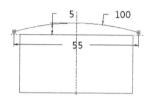

图 3-30　绘制截面（$R100mm$）

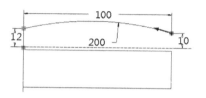

图 3-31　绘制截面（$R200mm$）

（3）单击"确定"按钮☑，在【菜单管理器】中单击"输入值"选项；在文本框中输入 30mm，绘制截面，此时截面（$R200mm$）切换成灰色（注意：截面（$R200mm$）与本步骤绘制的截面的箭头必须对应），如图 3-32 所示。

（4）单击"确定"按钮☑，在"确认"提示框中单击 否(N) 按钮，创建混合圆顶特征，如图 3-33 所示。

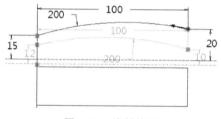

图 3-32　绘制截面

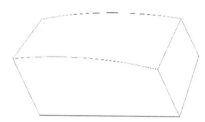

图 3-33　创建混合圆顶特征

11. 截面混合圆顶：无轨迹线，两条或多条剖面线

（1）单击 截面圆顶 按钮，在【菜单管理器】中依次选取"混合""无轮廓"和"完成"选项，先选取实体的下表面，再选取长方体的右端面作为草绘平面。在【菜单管理器】中单击"确定"→"顶部"选项，选取长方体的下表面作为参考平面，绘制一条样条曲线与中心线形成截面 1，如图 3-34 所示。

（2）单击"确定"按钮☑，在【菜单管理器】中单击"输入值"选项。在文本框中输入 50mm，选取 TOP 基准平面与 FRONT 基准平面作为参考平面，绘制截面 2，此时截面 1 切换成灰色。

注意：截面 2 与截面 1 的箭头必须对应，如图 3-35 所示。

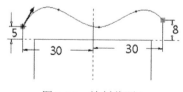

图 3-34　绘制截面 1

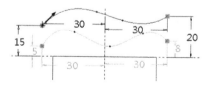

图 3-35　绘制截面 2

（3）单击"确定"按钮☑，在"确认"提示框中单击 是(Y) 按钮。在【菜单管理器】中单击"输入值"选项，在文本框中输入 50mm，选取 TOP 基准平面与 FRONT 基准平面作为参考平面，绘制截面 3。此时，截面 1 与截面 2 切换成灰色。

注意：截面 3 的箭头必须与前面两个截面的箭头对应，如图 3-36 的所示。

（4）单击"确定"按钮☑，在"确认"提示框中单击 否(N) 按钮，创建混合圆顶特征，如图 3-37 所示。

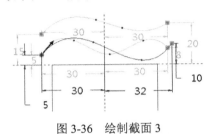

图 3-36　绘制截面 3

图 3-37　创建混合圆顶特征

第4章 简单零件建模

本章通过几个简单零件设计实例，详细介绍应用 Creo 7.0 进行实体建模的一般过程。

1. 拉伸特征（支撑柱）

本节主要介绍用拉伸特征的创建方式，创建如图 4-1 所示的支撑柱。

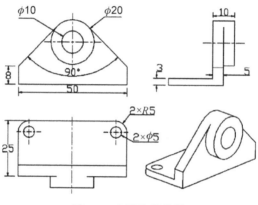

图 4-1　支撑柱零件图

（1）启动 Creo 7.0，在 Creo 7.0 的起始界面中单击"选择工作目录"按钮，选取 D：\Creo 7.0 Ptc\Work\为工作目录。

（2）单击"新建"按钮□，在【新建】对话框中对"类型"选取"◉□零件"选项，"子类型"选取"◉实体"选项，把"名称"设为"zhichengzhu"，取消"☑使用默认模板"前面的"√"。

（3）单击"确定"按钮☑，选取"mmns_part_solid_abs"。

（4）先单击 确定 按钮，再单击"拉伸"按钮□；在操控面板中单击 放置 按钮，在"草绘"滑动面板中单击 定义... 按钮；选取 TOP 基准平面作为草绘平面，以 RIGHT 基准平面为参考平面，方向向右；单击 草绘 按钮，进入草绘模式。

（5）单击"草绘视图"按钮▣，将视图切换至草绘平面。

（6）单击"拐角矩形"按钮□，绘制一个矩形截面（50mm×25mm），如图 4-2 所示。

（7）单击"确定"按钮☑，在操控面板中对"拉伸为"选取"实体"选项□，对"深度"类型选取"不通孔"选项▣，把"深度"设为 3mm。

（8）单击"确定"按钮☑，创建一个拉伸特征。

（9）依次单击"拉伸"按钮 ⬜→ 放置 按钮→ 定义... 按钮，选取 *ABCD* 平面作为草绘平面，如图 4-3 所示。以 RIGHT 基准平面为参考平面，方向向右。

图 4-2　绘制一个矩形截面

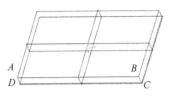

图 4-3　选取草绘平面

（10）单击 草绘 按钮，进入草绘模式。绘制一个封闭的截面，如图 4-4 所示。

（11）单击"确定"按钮 ☑，在操控面板中对"拉伸为"选取"实体"选项 ⬜，对"深度"类型选取"不通孔"选项 ⬜，把"深度"设为 5mm；单击"反向"按钮 ⬜，使箭头朝向零件。

（12）单击"确定"按钮 ☑，创建拉伸特征，如图 4-5 所示。

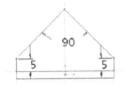

图 4-4　绘制一个封闭的截面

图 4-5　创建拉伸特征

（13）单击"倒圆角"按钮 ⬜，创建倒圆角特征（*R*10mm），如图 4-6 所示。

（14）单击"拉伸"按钮 ⬜→ 放置 按钮→ 定义... 按钮，选取零件的前表面作为草绘平面，以 RIGHT 基准平面为参考平面，方向向右。

（15）单击 草绘 按钮，进入草绘模式，单击"草绘视图"按钮 ⬜，切换视角。

（16）在快捷菜单中单击"同心圆"按钮 ⬜，选取圆弧，以圆角的边线绘制一个同心圆，如图 4-7 所示。

（17）单击"确定"按钮 ☑，在操控面板中对"拉伸为"选取"实体"选项 ⬜，对"深度"类型选取"不通孔"选项 ⬜，把"深度"设为 5mm。

（18）单击"确定"按钮，创建一个拉伸实体，如图 4-8 所示。

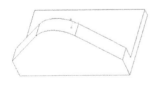

图 4-6　创建倒圆角特征

图 4-7　绘制同心圆

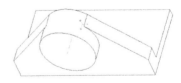

图 4-8　创建拉伸实体

（19）单击"拉伸"按钮 ⬜→ 放置 按钮→ 定义... 按钮，选取零件的前表面作为草绘平面，以 RIGHT 基准平面为参考平面，方向向右。

（20）单击 草绘 按钮，进入草绘模式，单击"草绘视图"按钮 ⬜，切换视角。

（21）在快捷菜单中单击"同心圆"按钮⊙，绘制一个直径为 10mm 的同心圆，如图 4-9 所示。

（22）单击"确定"按钮☑，在操控面板中对"拉伸为"选取"实体"选项▢，对"深度"类型选取"通孔"选项▤▤；单击左边的"反向"按钮⟋，使箭头朝向零件，选取"移除材料"选项◿。

（23）单击"确定"按钮☑，创建一个通孔特征，如图 4-10 所示。

（24）单击"倒圆角"按钮⟍，创建倒圆角特征（*R*5mm），如图 4-11 所示。

图 4-9　绘制同心圆

图 4-10　创建一个通孔特征

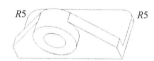

图 4-11　创建倒圆角特征

（25）单击"拉伸"按钮⟋→ 放置 按钮→ 定义... 按钮，选取 TOP 基准平面作为草绘平面，以 RIGHT 基准平面为参考平面，方向向右。

（26）单击 草绘 按钮，进入草绘模式；单击"草绘视图"按钮⟳，切换视角。

（27）单击"同心圆"按钮⊙，选取圆角的边线；绘制两个同心圆，把"直径"设为 5mm，如图 4-12 所示。

（28）单击"确定"按钮☑，在操控面板中对"拉伸为"选取"实体"选项▢，对"深度"类型选取"通孔"选项▤▤，从中选取"移除材料"选项◿。

（29）单击"确定"按钮☑，创建两个通孔特征，如图 4-13 所示。

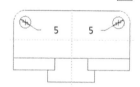

图 4-12　绘制两个同心圆

图 4-13　创建两个通孔特征

（30）单击"保存"按钮🖫，保存文件。

2. 旋转特征（旋钮）

本节主要介绍旋转特征的创建方式，创建如图 4-14 所示的旋钮。

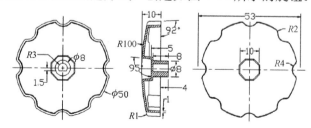

图 4-14　旋钮零件图

（1）启动 Creo 7.0，在 Creo 7.0 的起始界面中单击"选择工作目录"按钮，选取 D: \Creo 7.0 Ptc\Work\为工作目录。

（2）单击"新建"按钮，在【新建】对话框中对"类型"选取"⚫□零件"选项，"子类型"选取"⚫ 实体"选项；把"名称"设为"xuanniu"，取消"☑使用默认模板"前面的"√"。

（3）单击"确定"按钮☑，选取"mmns_part_solid_abs"。

（4）单击"确定"按钮，在快捷菜单中单击"旋转"按钮；在操控面板中单击 放置 按钮，在"草绘"滑动面板中单击 定义... 按钮，选取 FRONT 基准平面作为草绘平面，以 RIGHT 基准平面为参考平面，方向向右。单击 草绘 按钮，进入草绘模式。

（5）单击"草绘视图"按钮，绘制一个截面。其中圆弧的圆心在 Y 轴上，如图 4-15 所示。

（6）单击"基准"区的中心线按钮，绘制一条竖直中心线，如图 4-15 所示。

（7）单击"确定"按钮☑，在操控面板中对"拉伸为"选取"实体"选项，对"深度"类型选取"不通孔"选项，把"角度"设为 360°。

（8）单击"确定"按钮☑，创建旋转特征；按<Ctrl+D>组合键，切换成标准方向视角后的效果如图 4-16 所示。

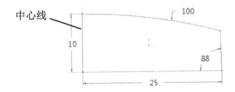

图 4-15　绘制一个截面和一条竖直中心线

图 4-16　创建的旋转特征切换成标准方向视角后的效果

（9）单击"拉伸"按钮，在操控面板中单击 放置 按钮；再在"草绘"滑动面板中单击 定义... 按钮，在操控面板中单击"基准"下方的"下三角形"按钮，如图 4-17 所示。

图 4-17　单击"下三角形"按钮

（10）在下拉菜单中选取"基准平面"选项，选取 TOP 基准平面作为参考平面；把"距离"设为 5mm，方向向上，如图 4-18 所示。设置完毕，单击"确定"按钮。

提示：这种方法创建的基准平面称为内部基准平面，它与父特征一一对应，不在工作区显示出来，可以保持零件的整洁，以避免基准平面太多的情况下无法分清。读者在绘图过程中，应尽量用这种方法创建基准平面。

（11）选取 RIGHT 基准平面作为参考平面，方向向右，单击 草绘 按钮。

（12）单击"草绘视图"按钮 →"圆心和点"按钮，绘制一个圆（ϕ10mm）。

（13）选取该圆，再长按鼠标右键，在下拉菜单中选取"构造"选项，如图 4-19 所示，该圆转变为构造圆。

（14）单击"线链"按钮，绘制一个八边形，使每条边都与构造圆相切；再通过"相等"命令，使每条边的长度相等，把内角设为135°，就能把它转化为正八边形，如图4-20所示。

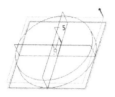

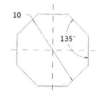

图 4-18　创建内部基准平面　　　图 4-19　转变为构造圆　　　图 4-20　绘制正八边形

（15）单击"确定"按钮，在操控面板中对"拉伸为"选取"实体"选项，对"深度"类型选取"通孔"选项，从中选取"移除材料"选项；单击 选项 按钮，在【选项】对话框中选取"√添加锥度"复选项，把锥度设置为5°，如图 4-21 所示。

（16）单击"确定"按钮，在实体上创建一个八边形的孔特征，如图 4-22 所示。

（17）单击"拉伸"按钮，在操控面板中单击 放置 按钮，然后在"草绘"滑动面板中单击 定义… 按钮，选取 TOP 基准平面作为草绘平面，以 RIGHT 基准平面为参考平面，方向向右，单击 草绘 按钮。

（18）单击"草绘视图"按钮→"圆心和点"按钮，绘制一个圆（φ8mm），如图 4-23 所示。

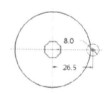

图 4-21　【选项】对话框参数设置　　图 4-22　创建一个八边形的孔特征　　图 4-23　绘制一个圆

（19）单击"确定"按钮，在拉伸操控面板中对"拉伸为"选取"实体"选项，对"深度类型"选取"通孔"选项，从中选取"移除材料"选项；单击 选项 按钮，在【选项】对话框中选取"√添加锥度"复选项，把锥度设置为2°。

（20）单击"确定"按钮，在零件边沿创建一个切除特征，如图 4-24 所示。

（21）单击"倒圆角"按钮，创建倒圆角特征（R2mm），如图 4-25 所示。

图 4-24　创建一个切除特征　　　图 4-25　创建倒圆角特征（R2mm）

（22）按住<Ctrl>键，在模型树中选取"拉伸2"和"倒圆角1"选项，在下拉菜单中选取"分组"命令。

（23）在模型树中选取刚才创建的组，单击"阵列"按钮；在操控面板中单击轴按钮，选取大圆环的中心轴，然后在操控面板中把"成员数"设为8，把"成员间的角度"设为45°，如图4-26所示。

（24）单击"确定"按钮，创建阵列特征，如图4-27所示。

图4-26　设置"阵列"操控面板参数　　　　图4-27　创建阵列特征

（25）单击"倒圆角"按钮，在实体上创建倒圆角特征（*R*1mm），如图4-28所示。

（26）单击"抽壳"按钮，选取底面为可移除面，把"厚度"设为1mm，如图4-29所示。

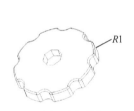

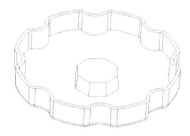

图4-28　创建倒圆角特征（*R*1mm）　　　　图4-29　创建抽壳特征

（27）单击"拉伸"按钮，在操控面板中单击放置按钮，再在"草绘"滑动面板中单击定义...按钮；选取抽壳后的八边形作为草绘平面，以RIGHT基准平面为参考平面，方向向右，单击草绘按钮。

（28）单击"草绘视图"按钮，绘制一个截面，如图4-30所示。

（29）单击"确定"按钮，在操控面板中对"拉伸为"选取"实体"选项，对"深度"类型选取"不通孔"选项，把"深度"设为8mm。

（30）单击"确定"按钮，创建一个拉伸实体，如图4-31所示。

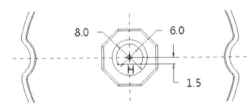

图4-30　绘制一个截面　　　　图4-31　创建一个拉伸实体

（31）单击"保存"按钮 ，保存文件。

3．平行混合特征——烟灰缸

本节主要介绍混合特征的创建方式，创建如图 4-32 所示的烟灰缸。

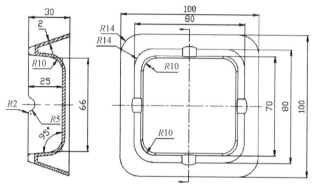

图 4-32　烟灰缸

（1）启动 Creo 7.0，在 Creo 7.0 的起始界面中单击"选择工作目录"按钮，选取 D:\Creo 7.0 Ptc\Work\为工作目录。

（2）单击"新建"按钮 ，在【新建】对话框中对"类型"选择"◉□零件"选项，对"子类型"选择"◉实体"选项；把"名称"设为"yanhuigang"，取消"☑使用默认模板"前面的"√"。

（3）单击"确定"按钮☑，选取"mmns_part_solid_abs"。

（4）单击"确定"按钮→"形状"按钮，在下拉菜单中选取"混合"选项 ，在操控面板中单击 截面 按钮，在滑动面板中选取"◉草绘截面"，再选取 定义... 按钮；选取 TOP 基准平面作为草绘平面，以 RIGHT 基准平面为参考平面，以原点为中心，绘制第一个矩形截面（100mm×100mm），箭头在矩形左上角，如图 4-33 所示。

（5）单击"确定"按钮☑，在操控面板中单击 截面 按钮，在滑动面板中选取"◉草绘截面"选项；对"草绘平面位置定义方式"选取"◉偏移尺寸"选项，"偏移自"选取"截面 1"选项，把"偏移尺寸"设为 30mm，如图 4-34 所示。

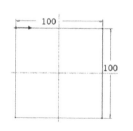

图 4-33　绘制第一个矩形截面

图 4-34　设置偏移尺寸

（6）单击 草绘... 按钮，以原点为中心，绘制第二个矩形截面（80mm×80mm），箭头也是在矩形左上角，如图 4-35 所示。

（7）单击两次"确定"按钮 ✓，创建混合特征，如图 4-36 所示。

（8）先单击"草绘"按钮 ▦，再单击"基准平面"按钮 ▱，选取 TOP 基准平面作为参考平面，把平移"距离"设为 5mm；创建内部基准平面，选取 RIGHT 基准平面作为参考平面，以原点为中心，绘制第三个矩形截面（66mm×66mm），如图 4-37 所示。

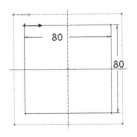
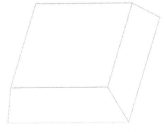
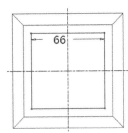

图 4-35　绘制第二个矩形截面　　　图 4-36　创建混合特征　　　图 4-37　绘制第三个矩形截面

（9）单击"草绘"按钮 ▦，选取零件上表面作为草绘平面，选取 RIGHT 基准平面作为参考平面，以原点为中心，绘制第四个矩形截面（70mm×70mm），如图 4-38 所示。

（10）单击"形状"按钮 ▼，在下拉菜单中选取"混合"选项 ▱，在操控面板中单击 截面 按钮，在滑动面板中选取"◉选定截面"，选取第三个矩形截面；然后，单击 插入 按钮，选取第四个截面（起点与箭头方向必须一致），在操控面板中选取"切除材料"选项 ▨。

（11）单击"确定"按钮 ✓，创建混合切除特征，如图 4-39 所示。

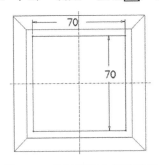
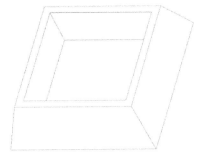

图 4-38　绘制第四个矩形截面　　　　　图 4-39　创建混合切除特征

提示：以上讲述了两种创建混合特征的方法，第一种混合特征的截面是内部截面，在工作区不显示，有利于保持模型整洁；第二种混合特征的截面是外部截面，在工作区显示。对于能熟练操作 Creo 软件的人员，建议使用内部截面的方式创建混合特征。

（12）先单击"拉伸"按钮 ◻，在操控面板中单击 放置 按钮，然后在"草绘"滑动面板中单击 定义... 按钮；选取 FRONT 基准平面作为草绘平面，以 RIGHT 基准平面为参考平面，方向向右，单击 草绘 按钮，进入草绘模式。

（13）单击"圆心和点"按钮，绘制一个圆（ϕ10mm），如图4-40所示。

（14）单击"确定"按钮，在操控面板中对"拉伸为"选取"实体"选项，对"深度"类型选取"通孔"选项，再选取"移除材料"选项。

（15）单击"确定"按钮，在实体上创建一个缺口，如图4-41所示。

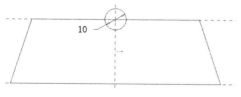

图4-40　绘制一个圆

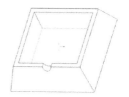

图4-41　创建一个缺口

（16）在模型树中选取"拉伸1"，单击"阵列"按钮，在操控面板中选取 轴 选项卡，在横向菜单选取 模型 选项卡，单击"轴"按钮；按住<Ctrl>键，选取FRONT基准平面与RIGHT基准平面，单击 确定 按钮。然后在横向菜单中选取 阵列 选项卡，在操控面板中把"成员数"设为4，把"成员间的角度"设为90°。

提示：采用上述方法创建的轴为特征的内部轴，它处于隐藏状态，有利于保持桌面整洁。

（17）单击"确定"按钮，创建阵列特征，如图4-42所示。

（18）单击"倒圆角"按钮，在实体上创建倒圆角特征，如图4-43所示。

（19）单击"抽壳"按钮，选取底面为可移除面，把"厚度"设为2mm，创建抽壳特征如图4-44所示。

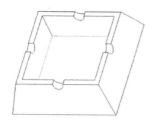

图4-42　创建阵列特征

图4-43　创建倒圆角特征

图4-44　创建抽壳特征

（20）单击"保存"按钮，保存文件。

4．连杆

本节通过绘制连杆零件图，重点讲述混合、拉伸、偏置、拔模、倒斜角、倒圆角等Creo 7.0建模的基本命令，连杆零件图如图4-45所示。

（1）启动Creo 7.0，在Creo 7.0的起始界面中单击"选择工作目录"按钮，选取D:\Creo 7.0 Ptc\Work\为工作目录。

（2）单击"新建"按钮，在【新建】对话框中对"类型"选取"⊙零件"选项，"子类型"选取"⊙实体"选项；把"名称"设为"liangan"，取消"使用默认模板"复选项前面的"√"。

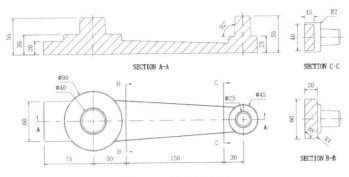

图 4-45　连杆零件图

（3）单击"确定"按钮☑️，选取"mmns_part_solid_abs"。

（4）单击"模型"选项卡，选取"混合"选项⬚️，在操控面板中单击 截面 按钮；在滑动面板中选取"◉草绘截面"，再单击 定义... 按钮。

（5）选取 RIGHT 基准平面作为草绘平面，以 TOP 基准平面为参考平面，方向向上，绘制截面 1，如图 4-46 所示。

（6）单击"确定"按钮☑️，在操控面板中单击 截面 按钮，在滑动面板中选取"◉草绘截面"选项，再单击 草绘... 按钮，绘制截面 2，两个截面的箭头必须一致，如图 4-47 所示。

图 4-46　绘制截面 1　　　　　　　　　　图 4-47　绘制截面 2

（7）单击"确定"按钮☑️，在操控面板中对"混合为"选取"曲面"按钮⬚️，把截面 1 与截面 1 的"距离"设为 150mm，如图 4-48 所示。

图 4-48　设置操控面板参数

（8）在操控面板中单击"确定"按钮☑️，创建混合曲面特征，如图 4-49 所示。

（9）单击"拉伸"按钮⬚️，在操控面板中单击 放置 按钮，在滑动面板中单击 定义... 按钮；选取 TOP 基准平面作为草绘平面，以 RIGHT 基准平面为参考平面，方向向右，绘制截面 3，如图 4-50 所示。

图 4-49　创建混合曲面特征

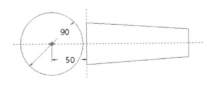

图 4-50　绘制截面 3

（10）单击"确定"按钮✓，在操控面板中对"创建为"选取"实体"选项□；把拉伸"高度"设为30mm，创建左端圆柱，如图4-51左端圆柱所示。

（11）采用相同的方法，创建右端圆柱（直径为45mm，"高度"设为25mm，两个圆柱的中心距为230mm），如图4-51所示。

（12）先选取混合曲面右端面的一条边，然后按住<Shift>键，选取其余三条边，最后在快捷菜单中单击"延伸"按钮□；在操控面板中把"距离"设为30mm，单击"确定"按钮✓，曲面右端延伸30mm，如图4-52所示。

提示：如果不能对曲面进行延伸，那可能是在图4-48所示的操控面板中没有选择"混合为曲面"选项□。

（13）采用相同的方法，使曲面左端延伸50mm，如图4-52所示。

图4-51　创建左右两个圆柱　　　　　　图4-52　延伸左右曲面

（14）先选取混合曲面，再在菜单栏中选取"实体化"选项□，把所选取的曲面转化为实体。

提示：如果不能转化为实体，请仔细查看曲面的两头是否完全在两个圆柱内。

（15）单击"拉伸"按钮□，在操控面板中单击 放置 按钮，在滑动面板中单击 定义… 按钮；选取TOP基准平面作为草绘平面，以RIGHT基准平面为参考平面，方向向右，绘制截面4，如图4-53所示。

（16）单击"确定"按钮✓，在操控面板中输入20mm，创建拉伸体，如图4-54左端所示。

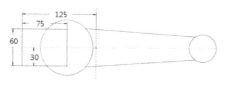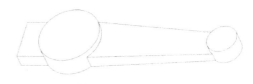

图4-53　绘制截面4　　　　　　　　图4-54　创建拉伸体

（17）单击"拔模"按钮□，在操控面板中单击 参考 按钮。

（18）选取拔模曲面的方法：先选零件的一个侧面，再按住<Ctrl>键，然后选取零件其他侧面。

（19）选取拔模枢轴的方法：选取零件的底面为拔模枢轴。

（20）在操控面板中把"拔模角度"设为2°，单击"确定"按钮✓，创建拔模特征。

（21）单击"拉伸"按钮□，以左圆柱的上表面为草绘平面；在快捷菜单栏中单击"同心圆"按钮□，绘制一个同心圆（直径为40mm），如图4-55所示。

（22）单击"确定"按钮✓，在操控面板中单击 选项 按钮，在"选项"滑动面板中对"侧 1"选取"不通孔"选项，把"距离"设为 25mm；对"侧 2"选取"无"，选取"添加锥度"复选项，把"角度"设为 2°，具体参数设置如图 4-56 所示。

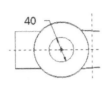

图 4-55　绘制同心圆　　　　　　　　图 4-56　设置"选项"参数

（23）单击"确定"按钮，创建第一个圆柱特征（$\phi 40\times 25$mm），如图 4-57 左侧所示。采用同样的方法，在右边的圆柱上创建第一个圆柱特征（$\phi 25\times 30$mm），如图 4-57 右侧所示。

（24）单击"倒圆角"按钮，创建倒圆角特征；单击"边倒角"按钮，创建边倒角特征，如图 4-58 所示。

图 4-57　创建左右两个圆柱　　　　　图 4-58　创建倒圆角与边倒角特征

（25）单击"保存"按钮，保存文件。

5．水杯

本节通过绘制一个水杯的零件图，重点讲述 Creo 7.0 中的混合、旋转、扫描等建模基本命令，水杯零件图如图 4-59 所示。

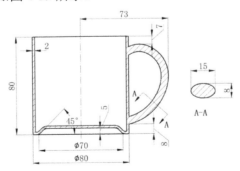

图 4-59　水杯零件图

（1）启动 Creo 7.0，在 Creo 7.0 的起始界面中单击"选择工作目录"按钮，选取 D:\Creo 7.0 Ptc\Work\为工作目录。

（2）单击"新建"按钮，在【新建】对话框中对"类型"选取"◉ 零件"选项，

"子类型"选取"◉实体"选项；把"名称"设为"shuibei"，取消"☑使用默认模板"前面的"√"。

（3）单击"确定"按钮☑，选取"mmns_part_solid_abs"。

（4）选取"旋转"按钮，在操控面板中选取 放置 按钮，再单击 定义... 按钮；选取 FRONT 基准平面作为草绘平面，以 RIGHT 基准平面为参考平面，方向向右，绘制一个矩形截面和一条竖直的基准中心线，如图 4-60 所示。

（5）单击"确定"按钮☑，在操控面板中输入旋转角度 360°，创建旋转实体。

（6）单击 形状▼ 按钮，选取"混合"选项🗗，在操控面板中单击 截面 按钮，在滑动面板中选取"◉草绘截面"选项，单击 定义... 按钮，选取实体的下底面作为草绘平面，以 RIGHT 基准平面为参考平面。

（7）在快捷菜单中单击"同心圆"按钮◎，绘制一个直径为 70mm 的同心圆，如图 4-61 所示。

（8）单击"确定"按钮☑，在操控面板中单击 截面 按钮，在滑动面板中选取"◉草绘截面"选项，对"草绘平面位置定义方式"选取"◉偏移尺寸"选项，"偏移自"选取"截面 1"，把"距离"设为-5mm。

（9）单击 草绘... 按钮，绘制一个直径为 60mm 的同心圆，如图 4-62 所示。

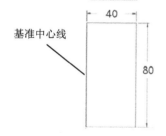

图 4-60　绘制矩形截面和
　　　　　竖直的基准中心线

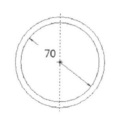

图 4-61　绘制同心圆 1

图 4-62　绘制同心圆 2

（10）单击"确定"按钮☑，在操控面板中选择"切除材料"选项◢，创建混合切除特征，如图 4-63 所示。

提示：如果没有成功创建切除材料特征，那可能是没有将距离设为-5mm。

（11）单击"抽壳"按钮▣，选取上表面作为可移除面，把"厚度"设为 2mm，创建抽壳特征。

（12）单击"草绘"按钮▦，选取 FRONT 基准平面作为草绘平面，以 RIGHT 基准平面为参考平面，方向向右；单击 草绘 按钮，进入草绘模式。

（13）在快捷菜单中单击"样条"按钮〰，在工作区选取 6 个点，再将这 6 个点的坐标分别设为(40,10)、(60,20)、(73,45)、(68,65)、(50,73)、(40,70)，绘制样条曲线如图 4-64 所示。

（14）单击"扫描"按钮，选取上一步骤创建的曲线作为轨迹线；单击箭头，箭头切换到上方，如图 4-65 所示。

（15）在"扫描"操控面板中单击"编辑或创建扫描截面"按钮，绘制一个椭圆截面，如图4-66所示。

图4-63　创建混合切除特征

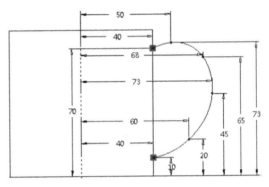

图4-64　绘制样条曲线

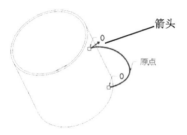

图4-65　选取轨迹线并单击箭头

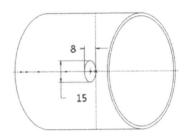

图4-66　绘制一个椭圆截面

（16）单击"确定"按钮，创建手柄扫描特征。此时，手柄一端与杯身分开，如图4-67所示。

（17）在模型树中选取 扫描1，在弹出的快捷菜单中单击"编辑定义"按钮，在"扫描"操控面板中选取 选项，在"选项"滑动面板中选取" 合并端"复选项。

（18）单击"确定"按钮，重新生成的手柄两端与杯身合并在一起，如图4-68所示。

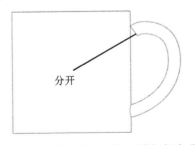

图4-67　创建手柄特征（手柄一端与杯身分开）

图4-68　手柄两端与杯身合并在一起

（19）单击"倒圆角"按钮，按住<Ctrl>键，选取杯口的两条边线，在"倒圆角"操控面板中单击 集 按钮，在"集"滑动面板中单击 完全倒圆角 按钮。

（20）单击"确定"按钮，在杯口创建完全倒圆角特征，如图4-69所示。

（21）在手柄与杯身相交处创建倒圆角特征，倒圆角大小为 $R1$mm，如图 4-69 所示。

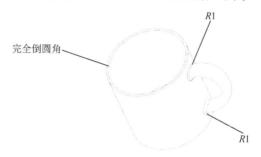

图 4-69　创建杯口完全倒圆角特征和手柄与杯身相交处的倒圆角特征

（22）单击"保存"按钮 ，保存文件。

第5章 编辑特征

编辑特征是指运用创建组、镜像、移动、阵列、缩放等命令对现有特征进行操作，从而形成新的特征。

1. 创建组

（1）打开第 1 章的 dianban.prt 零件。

（2）先按住<Ctrl>键，然后在模型树中选取"拉伸 1""倒圆角 1"和"孔 1"，在快捷菜单中选取"分组"命令，如图 5-1 所示；或者在工作区上方先选取 操作▾ ，再选取"分组"命令。

（3）系统自动把所选择的特征创建成一个组，其名称为"组 LOCAL_GROUP"，如图 5-2 所示。

图 5-1　选取"分组"命令　　　　　图 5-2　把所选择的特征创建成一个组

2. 镜像

（1）先在模型树中选取 组 LOCAL_GROUP，然后在编辑工具栏上单击"镜像"按钮，选取 RIGHT 基准平面作为镜像平面。

（2）单击"镜像"操控面板中的"确定"按钮，镜像实体如图 5-3 所示。

提示：如果孔特征的定位手柄在实体的边上，那么在这里就不能使用镜像功能复制孔特征了。

3. 复制（一）: 粘贴

（1）在模型树中展开 组 LOCAL_GROUP，选取 孔 1，在横向菜单选择"模型"选项卡；在"操作"区单击"复制"按钮 ，→"粘贴"旁边的三角形按钮→"选择性粘贴"按钮 ，然后在【选择性粘贴】对话框中选择默认值，单击"确定"按钮。

（2）在"复制\粘贴"操控面板中单击"放置"按钮，在零件图上重新选取右侧的上表面为放置平面，如图5-4中的深色曲面所示。

（3）修改零件的定位尺寸，把孔中心与FRONT基准平面的距离设为90mm，与RIGHT基准平面的距离设为85mm，孔的直径设为12mm，如图5-4所示。

图5-3　镜像后的实体

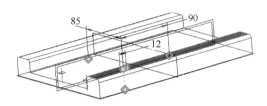

图5-4　设定孔中心与基准平面的距离

（4）单击"确定"按钮 ，生成一个新的孔特征。

（5）采用相同的方法，在零件的侧面复制一个孔（读者可以自己定义孔的定位尺寸），如图5-5所示。

4. 复制（二）：镜像

（1）在模型树中选取"孔1"选项，在编辑工具栏上单击"镜像"按钮 ，然后选取FRONT基准平面作为镜像平面。

（2）单击"镜像"操控面板中的"确定"按钮 ，镜像孔特征如图5-6所示。

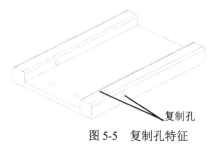

复制孔

图5-5　复制孔特征

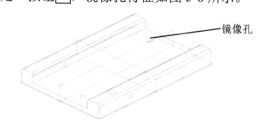

镜像孔

图5-6　镜像孔特征

5. 复制（三）：平移

（1）在模型树中选取"孔1"，单击鼠标右键，在弹出的快捷菜单中单击"复制"按钮 ，→"粘贴"旁边的三角形按钮→"选择性粘贴"按钮 ，在【选项性粘贴】对话框中选取"使副本从属于原件尺寸"和"对副本应用移动/旋转变换"复选项，如图5-7所示。

（2）单击 确定(0) 按钮，选取FRONT基准平面，在操控面板中单击"变换"选项卡；在滑动面板中对"设置"选取"移动"，把"距离"设为200mm，如图5-8所示。

图 5-7 【选项性粘贴】
对话框设置

图 5-8 对"设置"选取"移动",
把"距离"设为 200mm

（3）单击"确定"按钮☑，平移小孔，如图 5-9 所示。

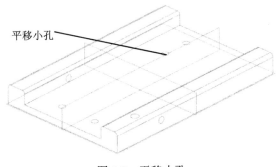

平移小孔

图 5-9 平移小孔

6. 复制（四）：旋转

（1）创建基准轴。在横向菜单栏中选取"模型"菜单，然后在"基准特征"工具栏中单击"基准轴"⚡按钮；按住<Ctrl>键，再选取 FRONT 基准平面和 RIGHT 基准平面，单击【基准轴】对话框中的 **确定** 按钮，即可创建基准轴，如图 5-10 所示。

（2）在零件图上选取图 5-9 中的平移小孔，单击鼠标右键，在弹出的快捷菜单中单击"复制"按钮🗐→"选择性粘贴"按钮🗐；在【选项性粘贴】对话框中选取"使副本从属于原件尺寸"和"对副本应用移动/旋转变换"复选项，参考图 5-7。

（3）单击 **确定(O)** 按钮，选取图 5-10 所示的基准轴；在操控面板中选取"变换"选项卡，在滑动面板中对"设置"选取"旋转"选项，把"角度"设为 50°，如图 5-11所示。

基准轴

图 5-10 创建基准轴

图 5-11 对"设置"选取"旋转"选项，
把"角度"设为 50°

（4）单击"确定"按钮 ✓，旋转复制的小孔，如图 5-12 所示。

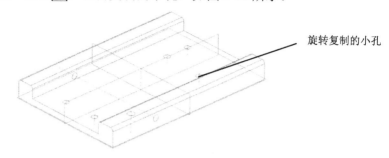

旋转复制的小孔

图 5-12　旋转复制的小孔

7. 缩放：将模型整体放大或缩小

（1）在横向菜单中选取"分析"→"测量"→"直径"命令，选择小孔，测量直径为 10mm。

（2）在工作区的右上角单击"搜索"命令 🔍，输入"缩放模型"，如图 5-13 所示。

图 5-13　输入"缩放模型"

（3）在"消息输入窗口"中输入比例：2，如图 5-14 所示。

图 5-14　输入比例：2

（4）先单击"确定"按钮 ✓，再单击"是"按钮，即可把整个零件放大 2 倍。

（5）在横向菜单中选取"分析"→"测量"→"直径"命令，选择小孔，测量直径为 20mm。

8. 尺寸阵列：以标注尺寸为基准进行阵列

为方便学习，请读者自行建立一个长方体，尺寸为 300mm×200mm×10mm，并在长方体中建立倒斜角特征和孔特征（需分 3 个步骤创建实体），尺寸及孔特征如图 5-15 所示。

（1）在绘图区或模型树中选取孔特征，然后在编辑特征工具栏单击"阵列"按钮 ⊞。

（2）在"阵列"操控面板的"阵列类型"栏中选取"尺寸"选项，再单击 尺寸 按钮。在"方向 1"收集框中单击"选择项"，先在绘图区单击数值为 115 的尺寸标注，然后在弹出的对话框中把"尺寸增量"设为-38mm；在"方向 2"收集框中选取 单击此处添加项，在绘图区单击数值为 70 的尺寸标注，在弹出的对话框中把"尺寸增量"设为-36mm，如图 5-16 所示。

（3）在"阵列"操控面板中，把"第一方向"的"成员数"设为7，把"第二方向"的"成员数"设为5，如图5-17所示。

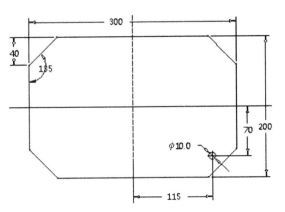

图 5-15　创建尺寸为300mm×200mm×10mm的长方体及孔特征

图 5-16　"尺寸"阵列对话框设置

图 5-17　设置"阵列"操控面板参数

（4）单击"阵列"操控面板中的"确定"按钮☑，生成一个尺寸阵列，如图 5-18 所示。

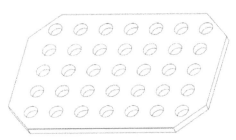

图 5-18　生成的尺寸阵列

9. 方向阵列：以平面的法向为基准进行阵列布置

（1）在模型树中选取上一步骤生成的尺寸阵列，单击鼠标右键，选择"删除阵列"命令。

（2）在绘图区或模型树中选取孔特征，然后在编辑特征工具栏单击"阵列"按钮。

（3）在"阵列"操控面板左端的选项中选取"方向"选项，选取右下方的斜角平面为第一阵列方向，把"成员数"设为6，"尺寸增量"设为-35mm。设置完毕，单击"第二方向参照"，并选取左下方的斜角平面为第二阵列方向，把"成员数"设为2，"尺寸增量"设为-30mm，如图5-19所示。

图5-19 "方向阵列"操控面板设置

（4）单击"阵列"操控面板中的"确定"按钮☑，生成方向阵列，如图5-20所示。

图5-20 生成的方向阵列

10. 旋转阵列：以旋转轴为基准进行阵列

（1）在模型树中选取上一步骤生成的方向阵列，单击鼠标右键，在弹出的快捷菜单中，选择"删除阵列"命令。

（2）在模型树中选取" 拉伸 1"，单击鼠标右键，在弹出的快捷菜单中选取选项，把尺寸改为 300mm×300mm×10mm，把小孔的中心与 FRONT 基准平面和 RIGHT 基准平面的"距离"设为120mm。

（3）在绘图区或模型树中选取孔特征，然后在编辑特征工具栏单击"阵列"按钮。

（4）在"阵列"操控面板左端的选项中选取"轴"选项，选取坐标系的 Y 轴。在"第一方向"中，把"成员数"设为8，把"成员间的角度"值设为45°；在"第二方向"中，把"成员数"设为5，把"径向距离"设为-30mm，如图5-21所示。

图5-21 设置旋转阵列操控面板参数

（5）单击"阵列"操控面板中的"确定"按钮☑，生成旋转阵列，如图5-22所示。

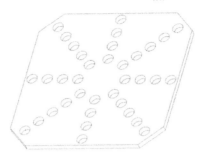

图 5-22 生成的旋转阵列

11. 填充/删除阵列

（1）在模型树中选取上一步骤生成的旋转阵列，单击鼠标右键，在弹出的快捷菜单中选择"删除阵列"命令。

（2）在绘图区或模型树中选取孔特征，然后在编辑特征工具栏单击"阵列"按钮。

（3）在"阵列"操控面板左端的选项中选取"填充"选项，再单击"参考"选项，在弹出的"草绘"滑动面板中选取"定义"选项。

（4）单击【草绘】对话框中的"使用先前的"按钮，进入草绘模式，在实体内部任意绘制一个封闭的区域，如图 5-23 所示。

（5）把"阵列特征之间的距离"设为 30mm，单击"确定"按钮，创建一个填充阵列，如图 5-24 所示。

图 5-23 绘制一个封闭的区域

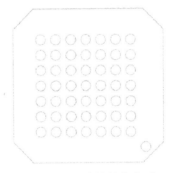

图 5-24 创建的填充阵列

（6）在模型树中选取上一步骤创建的填充阵列，单击鼠标右键，在弹出的快捷菜单中选择"删除阵列"命令。

（7）在模型树中选取小孔特征，单击鼠标右键，选取"编辑定义"选项；把小孔中心与 FRONG 基准平面和 RGIHT 基准平面的"距离"设为 0，把小孔移到实体的中间，并将小孔的直径改为 5mm，如图 5-25 所示。

提示：将小孔直径改小，阵列效果更明显。

（8）在绘图区或模型树中选取孔特征，然后在编辑特征工具栏中单击"阵列"按钮。

（9）在"阵列"操控面板左端的选项中选取"填充"选项，单击"参考"选项，在弹出的"草绘"滑动面板中选取"定义"。单击【草绘】对话框中的"使用先前的"按钮，进入草绘模式，任意绘制一个封闭的区域。

（10）在"阵列"操控面板中有 6 种不同的阵列类型，如图 5-26 所示。感兴趣的读者可以自己试一试不同的阵列效果。

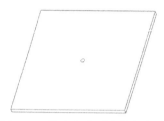

图 5-25　将小孔移到实体的中间

图 5-26　有 6 种不同的阵列类型

12. 曲线阵列

（1）在模型树中选取上一步骤生成的阵列，单击鼠标右键，在弹出的快捷菜单中选择"删除阵列"命令。

（2）在绘图区或模型树中选取孔特征，然后在编辑特征工具栏单击"阵列"按钮。

（3）在"阵列"操控面板左端的选项中选取"曲线"选项，单击"参考"选项，在弹出的"草绘"滑动面板中选取"定义"，系统弹出【草绘】对话框。

（4）单击【草绘】对话框中的"使用先前的"按钮，进入草绘模式，以初始特征为起点，任意绘制一条曲线，如图 5-27 所示。

（5）把"阵列特征之间的距离"设为 30mm，单击"确定"按钮，创建一个曲线阵列，如图 5-28 所示。

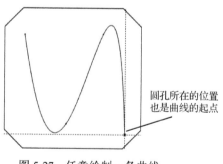

图 5-27　任意绘制一条曲线

圆孔所在的位置也是曲线的起点

图 5-28　创建一个曲线阵列

13. 参照阵列：在阵列原始特征上增加新的特征

（1）在图 5-28 所创建阵列的原始特征上创建一个倒圆角特征（R3mm），如图 5-29 所示。

（2）选取该倒圆角特征，先单击"阵列"按钮，再单击"阵列"操控面板中的"确定"按钮☑，在全部阵列特征上都增加倒圆角特征，如图 5-30 所示。

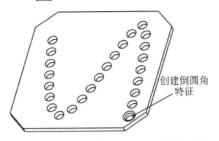

创建倒圆角
特征

图 5-29 在原始特征上创建倒圆角特征　　　　图 5-30 在全部阵列特征上都增加倒圆角特征

14. 圆形楼梯

（1）启动 Creo 7.0，在 Creo 7.0 的起始界面中单击"选择工作目录"按钮，选取 D：\Creo 7.0 Ptc\Work\为工作目录。

（2）单击"新建"按钮▢，在【新建】对话框中对"类型"选取"◉▢零件"，"子类型"选取"◉实体"；把"名称"设为"louti"，取消"☑使用默认模板"前面的"√"。

（3）单击"确定"按钮☑，选取"mmns_part_solid_abs"。

（4）单击 确定 按钮→"拉伸"按钮▢，在操控面板中单击 放置 按钮，在"草绘"滑动面板中单击 定义... 按钮，选取 TOP 基准平面作为草绘平面，以 RIGHT 基准平面为参考平面，方向向右。最后，单击 草绘 按钮，进入草绘模式。

（5）单击"圆心和点"按钮◎，以原点为圆心绘制一个圆形截面（直径为ϕ100mm），如图 5-31 所示。

（6）单击"确定"按钮☑，在操控面板中单击"拉伸为实体"按钮▢，对"深度类型"选取"不通孔"选项▣，把"深度"设为 180mm。单击"确定"按钮☑，创建一个圆柱体，如图 5-32 所示。

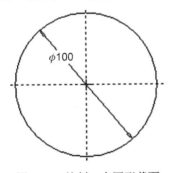
ϕ100

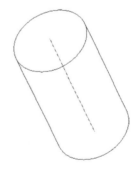

图 5-31 绘制一个圆形截面　　　　　　图 5-32 创建一个圆柱体

（7）先单击"拉伸"按钮▢，在操控面板中单击 放置 按钮。然后在"草绘"滑动面板中单击 定义... 按钮，选取 RIGHT 基准平面作为草绘平面，以 FRONT 基准平面为参考平面，方向向右。最后单击 草绘 按钮，进入草绘模式，绘制一个矩形截面（20mm×

5mm），如图 5-33 所示。

（8）单击"确定"按钮✓，在操控面板中对"拉伸为"选取"实体"选项▢，对"深度"类型选取"不通孔"选项▟，把"深度"设为 100mm。单击"确定"按钮✓，创建拉伸特征，如图 5-34 所示。

（9）在模型树中选取"▢拉伸 2"，然后在编辑特征工具栏单击"阵列"按钮▦。

（10）在"阵列"操控面板中选取"轴"阵列方式，选取圆柱的轴线作为轴阵列的中心，把"成员数"设为 20，把"成员间的角度"设为 18°，如图 5-35 所示。

（11）单击操控面板中的"尺寸"选项，在"方向 1"收集框中选择尺寸"11"作为阵列尺寸，在数值框中输入"8"，作为尺寸增量，如图 5-36 所示。

（12）单击"确定"按钮✓，创建阵列特征，如图 5-37 所示。

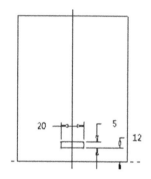

图 5-33　绘制一个矩形截面

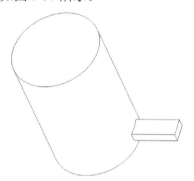

图 5-34　创建拉伸特征

图 5-35　设置阵列参数

图 5-36　设定尺寸增量

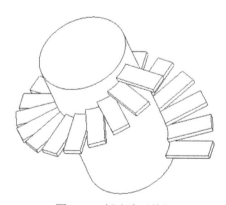

图 5-37　创建阵列特征

15. 钢爪盘

（1）进入建模环境，用拉伸方式创建一个圆盘，如图 5-38 所示。

（2）单击"扫描"按钮，在操控面板的右边单击"基准"按钮，在下拉菜单中选取"草绘"选项。选取 FRONT 基准平面作为草绘平面，以 RIGHT 基准平面为参考平面，绘制一条样条曲线，如图 5-39 所示。

（3）先单击"确定"按钮，再单击"退出暂停模式"按钮；在操控面板中单击"创建或编辑扫描截面"按钮→"草绘视图"按钮，绘制一个直径为 2mm 的圆。

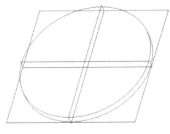

图 5-38　创建圆盘

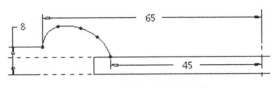

图 5-39　绘制一条样条曲线

（4）单击"确定"按钮，创建扫描特征，如图 5-40 所示。此时，模型树中只有"拉伸 1"和"扫描 1"两个特征，如图 5-41 所示。

图 5-40　创建扫描特征

　　⌐ PRT_CSYS_DEF
▶ 拉伸 1
▶ 扫描 1
➡ 在此插入

图 5-41　模型树中的两个特征

（5）在模型树中选取"扫描 1"，然后在编辑特征工具栏单击"阵列"按钮；在"阵列"操控面板中选取"轴"阵列方式，选取圆盘的轴线作为轴阵列的中心，把"成员数"设为 8，把"成员间的角度"设为 6°，如图 5-42 所示。

图 5-42　设置阵列参数

（6）单击操控面板中的"尺寸"选项，在"方向 1"收集框中单击"单击此处添加项"，选择尺寸"25"作为阵列尺寸，把"尺寸增量"设为 5，如图 5-43 所示。

（7）单击"确定"按钮，创建阵列特征，如图 5-44 所示。

图 5-43　设定尺寸增量

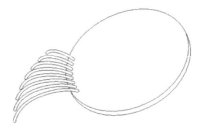

图 5-44　创建阵列特征

（8）在模型树中选取刚才创建的阵列特征，在编辑工具栏上单击"镜像"按钮 🔲，再选取 FRONT 基准平面作为镜像平面；单击"确定"按钮 ☑，创建镜像特征，如图 5-45 所示。

（9）在模型树中选取阵列特征和镜像特征，单击鼠标右键，在弹出的快捷菜单中选取"分组"选项 🔧，即可对阵列特征和镜像特征创建组，如图 5-46 所示。

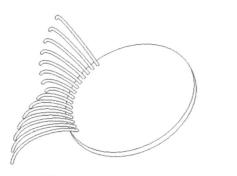

图 5-45　创建镜像特征

图 5-46　创建组

（10）在模型树中选取 🔧 组LOCAL_GROUP，然后在编辑特征工具栏单击"阵列"按钮 ⊞；在"阵列"操控面板中选取"轴"阵列方式，选取圆盘的轴线作为轴阵列的中心，把"成员数"设为 4，把"成员间的角度"设为 90°，如图 5-47 所示。

图 5-47　设置阵列参数

（11）单击"确定"按钮☑，创建阵列特征，如图 5-48 所示。

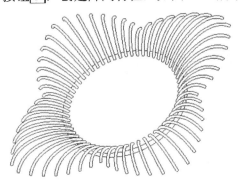

图 5-48 创建阵列特征

第6章 曲 面 特 征

1．混合曲面

（1）启动 Creo 7.0，单击"新建"按钮▢，把新建的文件命名为"hunhequmian.prt"。

（2）依次单击"模型"→"形状"→"混合"命令▢。

（3）在"混合"操控面板中选取"截面"→"◉草绘截面"，单击 定义... 按钮。

（4）选取 TOP 基准平面作为草绘平面，以 RIGHT 基准平面为参考平面，方向向右，单击 草绘 按钮。

（5）单击"圆心和点"按钮▢，绘制直径为 50mm 的圆，再单击"中心线"按钮▢，绘制两条中心线。

（6）单击"分割"按钮▢，将圆弧分成 4 段（在中心线与圆弧的交点处分割）。

（7）先用左键选取 A 点，再单击鼠标右键，在弹出的快捷菜单中选取"起点"选项，该端点出现一个箭头。

（8）单击"确定"按钮▢，在"混合"操控面板中选取"截面"选项，再选取"◉草绘截面"选项，选取"◉偏移尺寸"单选项，对"偏移自"选取"截面 1"选项，把"距离"设为 80mm，再单击 草绘... 按钮，绘制的截面 1 如图 6-1 所示。

（9）绘制两条圆角半径为 100mm 的圆弧和两条圆角半径为 20mm 的圆弧，并将起点箭头设在 B 处，绘制的截面 2 如图 6-2 所示。

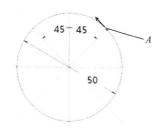

图 6-1　绘制截面 1

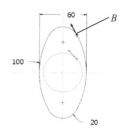

图 6-2　绘制截面 2

（10）单击"确定"按钮▢，在"混合"操控面板中依次选取"截面"→"◉草绘截面"选项，单击 插入 按钮，再选取"◉偏移尺寸"选项；对"偏移自"选取"截面 2"选项，把"距离"设为 80mm，然后单击 草绘... 按钮。

（11）绘制一个矩形截面（80mm×80mm），绘制的截面 3 如图 6-3 所示，单击"确定"按钮▢。

（12）在"混合"操控面板中选取"混合为曲面"选项，创建混合曲面，如图 6-4 所示。

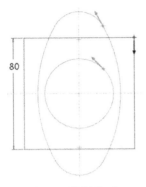

图 6-3 绘制截面 3

图 6-4 创建混合曲面

2. 可变截面扫描曲面

（1）启动 Creo 7.0，单击"新建"按钮，把新建的文件命名为"Var_sept.prt"。

（2）单击"扫描"按钮，在操控面板的右边单击"基准"按钮，在下拉菜单中单击"草绘"按钮。

（3）选取 TOP 基准平面作为草绘平面，以 RIGHT 基准平面为参考平面，方向向右。单击 草绘 按钮，进入草绘模式，任意绘制两条 Spline 曲线（也可以是直线、圆弧），如图 6-5 所示。

（4）单击"确定"按钮，在操控面板右边单击"基准"按钮，在下拉菜单中选取"草绘"选项；选取 FRONT 基准平面作为草绘平面，以 RIGHT 基准平面为参考平面，方向向右。单击 草绘 按钮，任意绘制两条 Spline 曲线（也可以是直线、圆弧），如图 6-6 所示。

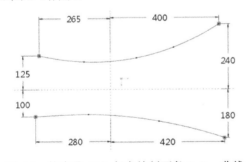

图 6-5 按步骤（3）任意绘制两条 Spline 曲线

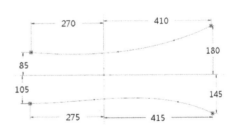

图 6-6 按步骤（4）任意绘制两条 Spline 曲线

（5）先单击"确定"按钮，再单击操控面板中的按钮（退出暂停模式，继续使用此工具），系统默认其中一条曲线为扫描轨迹线。按住<Ctrl>键，选取其余三条曲线。

（6）单击操控面板中的"创建或编辑扫描截面"按钮，进入草绘模式。

提示：系统会自动产生一个草绘平面，该草绘平面与默认的扫描轨迹线垂直，并且所有轨迹线都会生成一个交点。

（7）单击"样条曲线"按钮 $\boxed{\sim}$ ，经过草绘平面与轨迹线的 4 个交点绘制一条样条曲线，如图 6-7 所示。

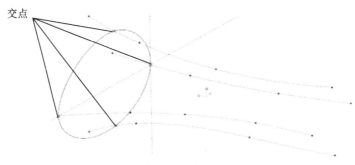

图 6-7　绘制一条样条曲线

（8）先单击"确定"按钮 $\boxed{\checkmark}$ ，然后在"扫描"操控面板中单击"扫描为曲面"按钮 $\boxed{\Box}$ 。

（9）单击"确定"按钮 $\boxed{\checkmark}$ ，创建扫描曲面，如图 6-8（a）所示。

（10）若把图 6-7 中绘制的截面改为矩形，则创建的图形如图 6-8（b）所示。

（a）　　　　　　　　　　　　　　　（b）

图 6-8　可变剖面扫描曲面

3. 边界混合曲面

（1）启动 Creo 7.0，单击"新建"按钮 $\boxed{\ }$ ，把新建的文件命名为"bianjiehunhe.prt"。

（2）先单击"草绘"按钮 $\boxed{\ }$ ，再单击"基准平面"按钮 $\boxed{\varnothing}$ ，选取 FRONT 基准平面作为草绘平面；把"偏移"设为 80mm，单击"确定"按钮 $\boxed{\checkmark}$ （这里创建的基准平面是内部基准平面，在桌面上不显示出来，有利于保持桌面整洁）。选取 RIGHT 基准平面作为参考平面，方向向右，单击 草绘 按钮，绘制截面 1（可以是直线、圆弧或 Spline 曲线，这里绘制的截面是 Spline 曲线），如图 6-9 所示，单击"确定"按钮 $\boxed{\checkmark}$ 。

（3）单击"草绘"按钮 $\boxed{\ }$ ，选取 FRONT 基准平面和 RIGHT 基准平面作为参考平面，方向向右。单击 草绘 按钮，绘制截面 2，如图 6-10 所示。

（4）先单击"草绘"按钮 $\boxed{\ }$ ，再单击"基准平面"按钮 $\boxed{\varnothing}$ ，选取 FRONT 基准平面作为草绘平面，把"偏移"设为-80mm，单击"确定"按钮 $\boxed{\checkmark}$ 。选取 RIGHT 基准平面作为参考平面，方向向右，单击 草绘 按钮，绘制截面 3，如图 6-11 所示。

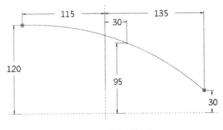

图 6-9　绘制截面 1

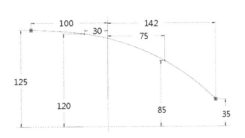

图 6-10　绘制截面 2

（5）单击"标准方向"按钮 ⚡→ 基准▼ 按钮，在下拉菜单中选取 "〰曲线" → "〰 通过点的曲线" 选项，通过三条曲线的端点，创建两条曲线，如图 6-12 所示。

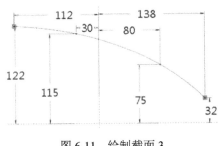

图 6-11　绘制截面 3

图 6-12　创建两条曲线

（6）在工作区上方选取"边界混合"选项 ⬛ ，弹出"边界混合"操控面板，如图 6-13 所示。

图 6-13　"边界混合"操控面板

（7）先选取"第一方向"的 选择项 ，按住<Ctrl>键，按顺序选取前面绘制的三条 曲线；再选取"第二方向"的 单击此处添加项 ，按住<Ctrl>键，选取后面绘制的两条曲线。

（8）单击操控面板中的"确定"按钮✓或鼠标中键，创建一个边界混合曲面，如图 6-14 所示。

4．扫描曲面 1

（1）单击"扫描"按钮🖌，然后在"扫描"操控面板中单击 参考 按钮，最后单击 "细节"按钮。

（2）按住<Ctrl>键，依次选取边界混合曲面的 4 条边，出现一个箭头，如图 6-15 所示。

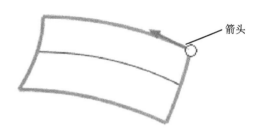

箭头

图 6-14　创建边界混合曲面　　　　　　　　　　图 6-15　选取 4 条边

（3）在"扫描"操控面板中单击"创建或编辑扫描截面"按钮，绘制一条斜线，如图 6-16 所示。

（4）单击"确定"按钮，创建扫描曲面 1，如图 6-17 所示。

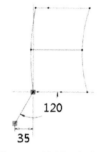

图 6-16　绘制一条斜线　　　　　　　　　　　图 6-17　创建扫描曲面 1

5．扫描曲面 2

（1）先单击"新建"按钮，再单击"扫描"按钮，在操控面板的右边单击"草绘"按钮，选取 TOP 基准平面作为草绘平面，以 RIGHT 基准平面为参考平面；单击 草绘 按钮，绘制一条轨迹线（100mm×50mm 的矩形），如图 6-18 所示。

（2）单击"确定"按钮，在"扫描"操控面板中单击"退出暂停模式，继续使用此工具"按钮，然后单击"创建或编辑扫描截面"按钮。

（3）绘制一条斜线，如图 6-19 所示。

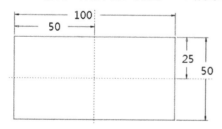

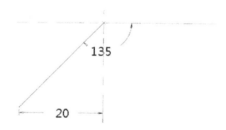

图 6-18　绘制一条轨迹线　　　　　　　　　图 6-19　绘制一条斜线

（4）单击"确定"按钮，在"扫描"操控面板中单击"扫描为曲面"按钮。

（5）单击"确定"按钮，创建扫描曲面 2，如图 6-20 所示。

图 6-20　扫描曲面 2

6. 拉伸曲面

（1）启动 Creo 7.0，单击"新建"按钮 ⬚，把新建的文件命名为"qumian1.prt"。

（2）单击"拉伸"按钮" ⬚，在操控面板中单击 放置 按钮，在"草绘"滑动面板中单击 定义... 按钮。然后在操控面板的右边单击"基准平面"按钮 ⬚，选取 RIGHT 基准平面作为草绘平面，把"偏移"设为 50mm，单击"确定"按钮 ✓。选取 TOP 基准平面作为参考平面，方向向上，单击 草绘 按钮，进入草绘模式。

（3）单击"选项板"按钮 ⬚，在【草绘器选项板】对话框中把正六边形的图标拖入工作区，并将正六边形的中心点与原点对齐，尺寸设置如图 6-21 所示，单击"确定"按钮 ✓。

（4）在"拉伸"操控面板中单击"曲面"按钮 ⬚，把"拉伸长度"设为 30mm，拉伸曲面如图 6-22 所示。

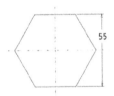

图 6-21　尺寸设置

图 6-22　拉伸曲面

7. 旋转曲面

（1）接上一个实例，单击"旋转"按钮 ⬚，在"旋转"操控面板中单击 放置 按钮→ 定义... 按钮，选取 TOP 基准平面作为草绘平面，以 RIGHT 基准平面为参考平面，方向向右。

（2）单击 草绘 按钮，绘制一条水平线和一条水平中心线，如图 6-23 所示。

（3）单击"确定"按钮 ✓，绘制一个旋转曲面，如图 6-24 所示。

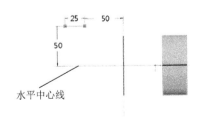

图 6-23　绘制一条水平线和一条水平中心线

图 6-24　绘制的旋转曲面

8. 填充曲面

（1）接上一个实例，在工作区上方单击"填充"按钮，然后在操控面板的右边单击"基准平面"按钮；按住<Ctrl>键，选取六边形曲面右端的边线，创建一个基准平面，如图 6-25 所示。

（2）单击操控面板中的按钮（退出暂停模式，继续使用此工具）→"投影"按钮；按住<Ctrl>键，选取六边形曲面右端的边线，单击"确定"按钮，创建填充曲面，如图 6-26 所示。

（3）采用相同的方法，在圆柱曲面的左端创建填充曲面。

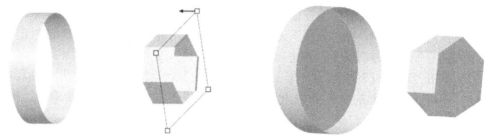

图 6-25　创建一个基准平面　　　　　　　图 6-26　填充曲面

9. 混合曲面

（1）在工作区上方单击"边界混合"按钮，单击操控面板中的 曲线 按钮，弹出"第一方向"与"第二方向"的滑动面板，如图 6-27 所示。

图 6-27　"第一方向"与"第二方向"的滑动面板

（2）单击"第一方向"的 细节... 按钮，按住<Ctrl>键，选取圆柱右侧的边线，如图 6-28 所示。

（3）单击【链】对话框中的 添加(A) 按钮，按住<Ctrl>键，选取六边形曲面左侧的边线，如图 6-29 所示。

圆柱右侧边线

图 6-28　选取圆柱右侧边线

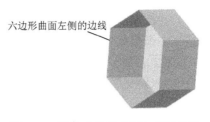

六边形曲面左侧的边线

图 6-29　选取六边形曲面左侧的边线

（4）单击"确定"按钮☑，创建边界混合曲面，如图 6-30 所示。此时的边界混合曲面是歪的，这是因为圆柱边线的端点与六边线的端点没有对正导致的。

（5）在模型树中将绿色的横线拖到 边界混合 1 的上面，隐藏"边界混合 1"，如图 6-31 所示。

图 6-30　边界混合曲面

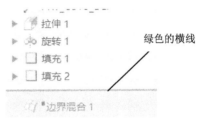

绿色的横线

图 6-31　隐藏"边界混合 1"

（6）单击"基准点"按钮，选取圆柱右侧的边线，参考图 6-28。

（7）在【基准点】对话框中对"偏移"选取"比率"，把其值设为 0.3333（1/3），如图 6-32 所示。

（8）单击　确定　按钮或按鼠标中键，生成一个基准点。

（9）采用相同的方法，创建另一个基准点，比率为 0.6667（2/3）。

（10）采用相同的方法，在圆柱的另一侧边线上也创建两个基准点，创建的 4 个基准点如图 6-33 所示。

图 6-32　设置【基准点】对话框

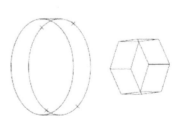

图 6-33　创建的 4 个基准点

注意：这里只需要创建 4 个基准点，再加上圆柱边线的 2 个端点，共有 6 个点。

（11）在模型树中把绿色的横线拖到 边界混合 1 的下方。

（12）在模型树中选取 边界混合 1，单击鼠标右键，在弹出的快捷菜单中选取"编辑定义"选项 ；在操控面板中单击 控制点 选项卡，在【控制点】对话框中单击"链 1"所对应的"未定义"，如图 6-34 所示。

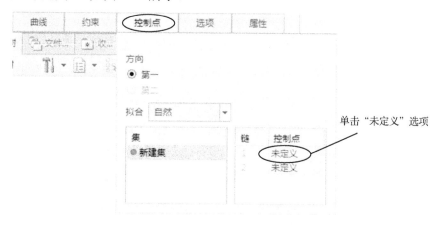

图 6-34　设置【控制点】对话框

（13）先选取加粗显示的边线上的控制点，再选取另一条边线上对应的控制点，如图 6-35 所示。

（14）按照上述方法，把两条边线的其他控制点一一对应，得到的边界曲面如图 6-36 所示。

注意：如果所创建的曲面还是没有对正，那是因为在前面创建旋转曲面时是以 FRONT 基准平面为草绘平面的。应将所创建点的比率改为 0.167（1/6）与 0.833（5/6），重新对齐对应点即可。

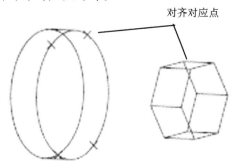

图 6-35　选取两个控制点

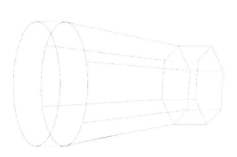

图 6-36　把控制点一一对应后的边界曲面

（15）在模型树中选取边界混合曲面，单击鼠标右键，在弹出的快捷菜单中选取"编辑定义"选项 。

（16）在操控面板中单击"约束"选项卡，在"约束"操控面板上选取"相切"选项，如图 6-37 所示。

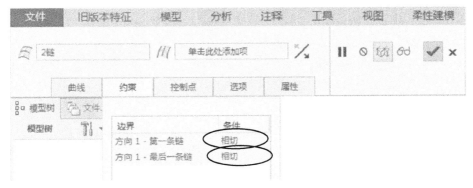

图 6-37 选取"相切"选项

（17）单击"确定"按钮 ✔，边界混合曲面与头尾的曲面相切，如图 6-38 所示。

图 6-38 边界混合曲面与头尾的曲面相切

10. 曲面合并

（1）按住\<Ctrl\>键，在模型树中选取"拉伸 1""旋转 1"和"边界 1"。

（2）单击"合并"按钮 🔲，即可将三个曲面合并。

（3）按住\<Ctrl\>键，在模型树中选取"合并 1""填充 1"和"填充 2"。

（4）单击"合并"按钮 🔲，即可将所有曲面合并。

11. 曲面实体化特征

（1）在工作区中先选取曲面，再单击"实体化"按钮 🔲。

（2）单击"确定"按钮 ✔，曲面就转化为实体。

12. 曲面移除

（1）启动 Creo 7.0，单击"新建"按钮 🔲，把新建的文件命名为"qumian2.prt"。

（2）单击"拉伸"按钮 🔲，以 TOP 基准平面为草绘平面，创建一个实体，尺寸为 100mm×100mm×50mm。

（3）单击"拉伸"按钮 🔲，以 FRONT 基准平面作为草绘平面，以 RIGHT 基准平面为参考平面，方向向右；单击"样条曲线"按钮 🔲，绘制一个截面，尺寸如图 6-39 所示。

（4）单击"确定"按钮 ✔，在"拉伸"操控面板中选取"拉伸为曲面"选项 🔲，对"拉伸方式"选取"对称"选项 🔲，把"距离"设为 120mm。

（5）单击"确定"按钮![对勾],创建一个拉伸曲面,如图 6-40 所示。

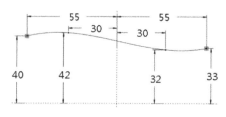

图 6-39　截面尺寸

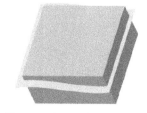

图 6-40　创建一个拉伸曲面

（6）选取拉伸曲面,在工作区的"编辑"区选取"实体化"选项![图标],在操控面板中单击"切除材料"按钮![图标]→"反向"按钮![图标],使工作区的箭头朝上。

（7）单击"确定"按钮![对勾],实体被剪掉上半部分,即曲面被移除,如图 6-41 所示。

（8）单击"倒圆角"按钮,创建倒圆角特征（R10mm）,如图 6-42 所示。

图 6-41　曲面被移除

图 6-42　创建倒圆角特征

13. 曲面偏移（一）：把实体整体放大

（1）按住<Ctrl>键,选取实体的表面,选取后的曲面着色显示如图 6-43 所示。

（2）在菜单栏中选取"偏移"选项![图标],"偏移"操控面板中的"偏移类型"有 4 个选项,选取"展开特征"选项![图标],把"偏移距离"设为 5mm,如图 6-44 所示。

图 6-43　选取的实体表面

图 6-44　"偏移"操控面板

（3）单击"确定"按钮![对勾],把所选取的曲面偏移 5mm。

14. 曲面偏移（二）：偏移一个区域的实体并使其具有拔模特征

（1）按住<Ctrl>键,选取实体表面,选取后的曲面着色显示如图 6-45 所示。

（2）在菜单栏中选取"偏移"选项![图标],"偏移"操控面板中的"偏移类型"有 4 个选项，从中选取"具有拔模特征"选项🔳。

（3）在"偏移"操控面板中先单击 参考 按钮，再单击 定义... 按钮，选取 TOP 基准平面作为草绘平面，以 RIGHT 基准平面为参考平面，方向向右，绘制一个封闭的区域，如图 6-46 所示。

图 6-45　选取的实体表面

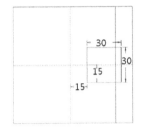

图 6-46　绘制一个封闭的区域

（4）在"偏移"操控面板中把"偏移距离"设为 2mm，把"角度"设为 3°，如图 6-47 所示。

图 6-47　设置"偏移"操控面板

（5）单击"确定"按钮✅，创建拔模的偏移特征，如图 6-48 所示。

15.　曲面偏移（三）

（1）选取实体左侧面，在菜单栏中选取"偏移"选项🔳，在"偏移"操控面板中选取"标准偏移特征"选项🔳，把"偏移距离"设为 8mm。

（2）单击"确定"按钮✅，创建偏移曲面，如图 6-49 所示。

偏移曲面

图 6-48　创建拔模的偏移特征

图 6-49　创建偏移曲面

16.　替换曲面：用一个曲面替换实体上的一个曲面

（1）选取实体左侧的侧面，在菜单栏中选取"偏移"选项🔳，"偏移"操控面板中的"偏移类型"有 4 个选项，选取"替换移"选项🔳。

（2）选取上一步骤创建的曲面，单击"确定"按钮✅，创建替换曲面特征，如图 6-50 所示。

17. 复制曲面

（1）选取实体的上表面，如图 6-51 所示。

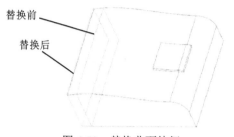

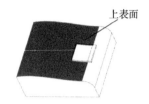

图 6-50　替换曲面特征　　　　　　图 6-51　选取实体的上表面

（2）在工作区上方选取"复制" 命令，再选取"粘贴" 命令，即可复制曲面。

18. 相同延伸曲面

（1）选取曲面右边缺口上部分的边线，在菜单栏中选取"延伸"按钮 ，在"延伸曲面"操控面板中选取"沿原始曲面延伸曲面" 按钮，把"距离"设为 30mm，如图 6-52 所示。

图 6-52　"延伸曲面"操控面板设置

（2）在"延伸"操控面板中选取"选项"，在滑动面板中对"方法"选取"相同"选项，如图 6-53 所示。

（3）单击"确定"按钮 ，创建延伸曲面，如图 6-54 所示，所创建的曲面与原曲面相同。

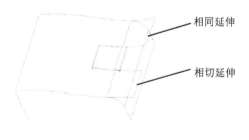

图 6-53　对"方法"选取"相同"　　　　图 6-54　创建延伸曲面

19. 相切延伸曲面

（1）选取曲面右边缺口下部分的边线，在菜单栏中选取"延伸"选项 ，在"延伸曲面"操控面板中选取"沿原始曲面延伸曲面"选项，把"距离"设为30mm，参考图6-52。

（2）在"延伸"操控面板中选取"选项"，在滑动面板中对"方法"选取"相切"选项。

（3）单击"确定"按钮，创建延伸曲面，如图6-54所示，所创建的曲面与原曲面相切。

（4）从图6-54可看出，用"相切"与"相同"方法的延伸曲面，所得到的曲面是不相同的。

20. 不等距延伸曲面

（1）选取曲面左侧的边线，在菜单栏中选取"延伸"选项，在"延伸曲面"操控面板中选取"沿原始曲面延伸曲面"按钮，把"距离"设为30mm。

（2）单击"延伸"操控面板中的"测量"，在"测量"滑动面板的空白位置单击鼠标右键，系统弹出"添加"选项，单击"添加"，在"测量"操控面板上自动增加一个控制点。

（3）按照上述方法再增加一个控制点。

（4）在"测量"操控面板上修改第一点的延伸"距离"设为10mm，第二点的延伸"距离"设为30mm，位置为0.5，第三点的延伸"距离"设为20mm，位置为0.75，如图6-55所示。

点	距离	距离类型	边	参考	位置
1	10	垂直于边	边:F13(复制_1)	顶点:边:F13(复制_1)	终点 1
2	30	垂直于边	边:F13(复制_1)	点:边:F13(复制_1)	0.5
3	20	垂直于边	边:F13(复制_1)	点:边:F13(复制_1)	0.75

图6-55 "测量"操控面板设置

（5）按<Enter>键，或者按鼠标中键，或者单击"确定"选项，生成不等距的延伸曲面，如图6-56所示。

21. 曲面延伸到平面

（1）选取曲面左侧的边线，在菜单栏中选取"延伸"按钮，在"延伸曲面"操控面板中选取"将曲面延伸到参照平面"选项。

（2）选取TOP基准平面，此时生成一个临时延伸曲面，垂直于TOP基准平面。

（3）先单击"延伸"操控面板中的 参考 按钮，然后在"参考"操控面板上单击 细节... 按钮。

（4）按住<Ctrl>键，选取曲面的其他边，所选的曲面边延伸到TOP基准平面，并垂直于 TOP 基准平面，如图 6-57 所示。

图 6-56　不等距的延伸曲面

图 6-57　曲面延伸到 TOP 平面

22．投影曲线

（1）启动 Creo 7.0，单击"新建"按钮，把新建的文件命名为"qumian3.prt"。

（2）单击"拉伸"按钮，以 FRONT 基准平面为草绘平面，以 RIGHT 基准平面为参考平面，方向向右；单击"样条曲线"按钮，绘制一个截面，尺寸如图 6-58 所示。

（3）单击"确定"按钮，在"拉伸"操控面板中选取"拉伸为曲面"按钮，对"拉伸方式"选取"对称"选项，把"距离"设为 120mm。

（4）单击"确定"按钮，创建一个拉伸曲面，如图 6-59 所示。

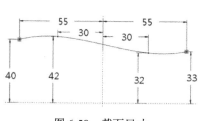

图 6-58　截面尺寸

图 6-59　创建的拉伸曲面

（5）单击"草绘"按钮，以 TOP 基准平面为草绘平面，绘制一个截面，如图 6-60 所示。

（6）单击"投影"按钮，在"投影"操控面板中单击 参考 按钮；选取草绘曲线作为投影曲线，选取拉伸曲面作为投影曲面，选取 TOP 平面作为投影方向。

（7）单击"确定"按钮，创建投影曲线，如图 6-61 所示。

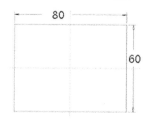

图 6-60　绘制一个截面

图 6-61　创建的投影曲线

23.　沿曲线修剪曲面

（1）选取要修剪的曲面，单击"修剪"按钮；选取曲面上的曲线，生成一个暂时修剪曲面及一个箭头，箭头表示曲面保留的方向（单击箭头，可以改变箭头方向）。

（2）按<Enter>键，或者鼠标中键，或者操控面板中的，修剪曲面，如图 6-62 所示。

24.　沿相交曲面修剪

（1）在模型树中删除 修剪1和 投影1，单击"拉伸"按钮，选取图 6-60 所示的截面，在"拉伸"操控面板中选取"拉伸为曲面"选项，把"拉伸高度"设为 75mm，创建两个相交的曲面，如图 6-63 所示。

图 6-62　修剪曲面　　　　　　　　　图 6-63　创建两个相交的曲面

（2）选取第一组曲面，单击"修剪工具"按钮，选取另一组曲面。

（3）单击箭头，更改箭头方向，再单击<Enter>键，或者鼠标中键，或者操控面板中的"确定"按钮，生成修剪曲面 1，如图 6-64 所示。

（4）采用相同的方法，修剪第一组曲面，即曲面修剪 2 如图 6-65 所示。

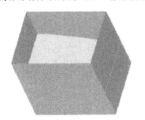

图 6-64　曲面修剪 1　　　　　　　　图 6-65　　曲面修剪 2

25.　曲面合并

（1）按住<Ctrl>键，选取两个要合并的曲面，单击"合并"按钮。

（2）按<Enter>键，或者按鼠标中键，或者操控面板中的"确定"按钮，生成合并曲面。

26.　曲面恒值倒圆角

（1）单击"倒圆角"按钮，选取 4 个竖直的边，圆角半径大小为 R10mm。

（2）单击操控面板中的"确定"按钮☑️，创建曲面倒圆角特征，如图 6-66 所示。

27. 曲面变值倒圆角

（1）单击"倒圆角"按钮，选取两组曲面的交线，显示暂时倒圆角特征，并有一个半径控制的滑块，如图 6-67 所示。

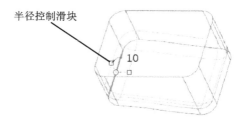

半径控制滑块

图 6-66　创建曲面倒圆角特征 　　　　　　图 6-67　显示暂时倒圆角特征

（2）把光标置放在半径控制滑块之上，单击鼠标右键，在弹出的快捷菜单中选取"添加半径"命令。

（3）把添加的半径控制滑块拖到其他位置，并修改半径大小和位置（位置的数值在0～1 之间），如图 6-68 所示。

（4）单击操控面板中的"确定"按钮☑️，创建变值倒圆角特征，如图 6-69 所示。

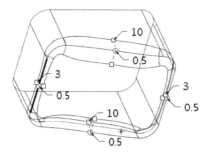
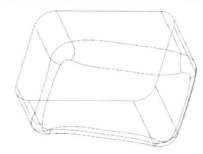

图 6-68　添加半径并修改其大小和位置 　　　　图 6-69　创建的变值倒圆角特征

28. 沿基准平面修剪曲面

（1）选取曲面，单击"修剪工具"按钮，再选取 FRONT 基准平面，系统自动生成一个暂时修剪曲面及一个箭头，箭头表示曲面保留的方向。

（2）按<Enter>键，或者按鼠标中键，或者按"确定"按钮☑️，可进行创建修剪曲面，如图 6-70 所示。

29. 曲面加厚

（1）先选曲面的一条边线，再按住<Shift>键，选取另外两条曲面边线，如图 6-71中的粗线所示。

（2）在菜单栏中选取"延伸"选项，在"延伸曲面"操控面板中选取"将曲面延伸到参照平面"选项 。

（3）在操控面板的右边单击"基准平面"按钮 ，选取曲面的一条边线，如图 6-72 中的粗线所示。

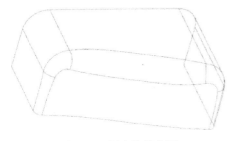

图 6-70 创建修剪曲面

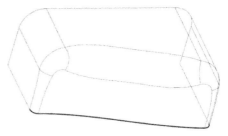

图 6-71 选取曲面边线

（4）单击操控面板中的"确定"按钮 ，创建延伸曲面，如图 6-73 所示。

选取边线

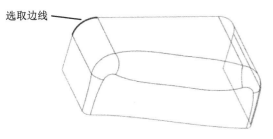

图 6-72 选取边线

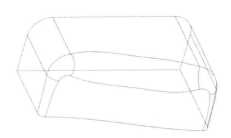

图 6-73 创建延伸曲面

（5）先选取曲面，再单击"加厚"按钮 ，在操控面板中把"厚度"设为 1mm。

（6）按<Enter>键，或者按鼠标中键，或者单击操控面板中的"确定"按钮 ，所选取的曲面变为实体，如图 6-74 所示。

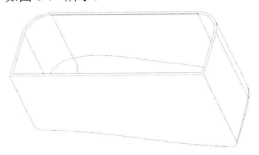

图 6-74 把曲面变为实体

第 7 章　样式曲面设计

1. 自由曲线

（1）打开第 2 章所创建的文件 ext-rev.prt，创建一个实体如图 7-1 所示。

（2）在快捷菜单中单击"样式"按钮□，系统默认 TOP 基准平面为活动平面。

（3）先单击"曲线"按钮，再选取"创建自由曲线"选项，"样式曲线"操控面板如图 7-2 所示。

自由曲线　平面曲线　曲面曲线

图 7-1　创建一个实体　　　　　　　　图 7-2　"样式曲线"操控面板

（4）按住<Shift>键，依次选取点 *A*、*B*、*C*、*D*、*E*，如图 7-3 所示。

（5）单击"确定"按钮☑，创建一条自由曲线，如图 7-4 所示。

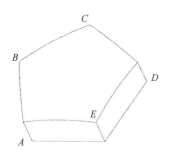

图 7-3　依次选取点 *A*、*B*、*C*、*D*、*E*　　　　图 7-4　创建一条自由曲线

2. 平面曲线

（1）单击"样式"按钮□，在操控面板中选取"内部平面"选项▨，如图 7-5 所示。

（2）按住<Ctrl>键，在图 7-6 中选取线段 *AB* 和点 *C*，创建内部平面，如图 7-7 所示。

图 7-5　选取"内部平面"选项

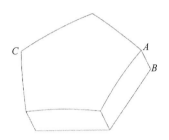

图 7-6　选取线段 *AB* 和点 *C*

图 7-7　创建的内部平面

（3）单击"活动平面方向"按钮，如图 7-8 所示，切换到草绘视图。

图 7-8　单击"活动平面方向"按钮

（4）单击"曲线"按钮，在图 7-2 所示的操控面板中单击"创建平面曲线"按钮。

（5）在活动平面上任一位置单击若干点，单击"确定"按钮，创建一条平面样式曲线，如图 7-9 所示。

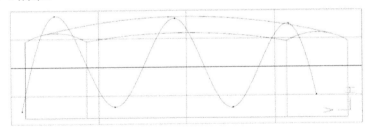

图 7-9　创建的平面样式曲线

3.　曲面曲线

（1）单击"样式"按钮→"曲线"按钮。

（2）在"样式曲线"操控面板中选取"创建曲面曲线"选项，参考图 7-2。

（3）在顶部的曲面上任一位置单击若干点，创建一条位于曲面上的曲线，即曲面样式曲线，如图 7-10 所示。

注意： 零件顶部的旋转曲面实际上分成两个部分，创建曲面样式曲线时只能在一个曲面上选取点。

4. 投影曲线

（1）先单击横向菜单的"模型"选项，再单击"样式"按钮▫，系统默认 TOP 基准平面为活动平面。

（2）在"样式曲线"操控面板中单击"创建曲线"按钮～→"创建平面曲线"按钮▫；任意单击若干点，系统将创建一条临时样式曲线，如图 7-11 所示。注意：此时不要单击"确定"按钮✔。

（3）在横向菜单栏中选取"样式"选项，再单击"放置曲线"按钮～，系统默认上一步创建的临时曲线为投影曲线。

（4）按住<Ctrl>键，选取零件的圆弧面作为投影面，对方向选取"沿方向"选项，选取 TOP 基准平面作为投影方向。

（5）单击"确定"按钮✔，创建投影样式曲线。投影样式曲线有两条，一条在活动平面上，另一条在曲面上，如图 7-12 所示。

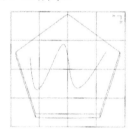

图 7-10　创建曲面样式曲线　　图 7-11　创建一条临时样式曲线　　图 7-12　两条投影样式曲线

5. 相交曲线

（1）单击"样式"按钮▫→"通过相交产生 COS"按钮▫。

（2）按住<Ctrl>键，选取零件的两个圆弧面为第一组曲面。

（3）在操控面板中单击第二组曲面框中的 单击此处添加项 ，选取 RIGHT 基准平面作为第二组曲面。

（4）单击"确定"按钮✔，创建一条曲面相交样式曲线，如图 7-13 中的竖直样式线所示。

（5）采用相同的方法，创建圆弧面与 FRONT 基准平面的相交样式曲线，如图 7-13 中的水平样式曲线所示。

6. 编辑曲线

（1）在模型树中选取图 7-14 中创建的样式曲线，单击鼠标右键，在弹出的快捷菜单中单击"编辑定义"按钮▫。

（2）在"样式"操控面板中选取"曲线编辑"按钮▫。

（3）按住<Shift>键，把曲线的端点由点 *E* 移到点 *F*，如图 7-14 所示。

（4）继续选取曲线的端点 *F*，在"样式"操控面板中单击 相切 按钮，再选取"G1-曲面相切"选项，如图 7-15 所示。

图 7-13　曲面相交样式曲线

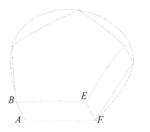

图 7-14　编辑样式曲线

图 7-15　选取"曲面相切"选项

（5）在图 7-14 中选取平面 *ABEF*，曲线的切线与平面 *ABEF* 相切，如图 7-16 所示。

（6）选取端点 *A*，再选取平面 *ABEF*，曲线端点 *A* 的切线切换成水平，曲线的切线与平面垂直，如图 7-17 所示。

图 7-16　曲线的切线与平面相切

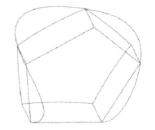

图 7-17　曲线的切线与平面垂直

7. 放样曲面

放样曲面是由一组不相交的样式曲线所构成的曲面。

（1）重新启动 Creo 7.0，单击"新建"按钮，把新建的文件命名为"fangyang.prt"。

（2）单击"样式"按钮，在"样式"操控面板中单击"设置活动平面"按钮，在模型树中选取 FRONT 基准平面作为活动平面。

（3）在工作区任一位置单击鼠标右键，在弹出的快捷菜单中单击"活动平面方向"

按钮,视图切换至活动平面方向。

（4）在"样式"操控面板中单击"曲线"按钮→"平面曲线"按钮,任意选取 4 个点,绘制第一条曲线,如图 7-18 所示。

（5）单击操控面板中的"确定"按钮→"曲线编辑"按钮。

（6）选取曲线上的第一个点,在操控面板中单击 点 选项,修改坐标,修改后的坐标为（-150,300,0）。

（7）采用相同的方法,修改其他 3 个点的坐标,使之分别为（-45,270,0）、（150,195,0）、（300,120,0）。

（8）单击"确定"按钮,绘制第一条样式曲线。

（9）单击"设置内部平面"按钮,在模型树中选取 FRONT 基准平面,把"偏移距离"设为 100mm。

（10）在"样式"操控面板中单击"曲线"按钮→"平面曲线"按钮,在任一位置选取 3 个点,绘制第二条曲线。

（11）单击操控面板中的"确定"按钮→"曲线编辑"按钮。

（12）修改上述 3 个点的坐标,使之分别为（-170,260,100）、（50,195,100）、（250,85,100）。

（13）单击"确定"按钮,绘制第二条样式曲线,如图 7-19 所示。

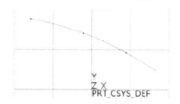
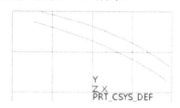

图 7-18　绘制第一条曲线　　　　　　图 7-19　绘制第二条样式曲线

（14）单击操控面板中的"确定"按钮,在操控面板中单击"设置内部平面"按钮,在模型树中选取 FRONT 基准平面,把"偏移距离"设为-100mm。

（15）在"样式"操控面板中单击"曲线"按钮→"平面曲线"按钮,在任一位置选取 4 个点,绘制第三条曲线。

（16）修改上述 4 个点的坐标,使之分别为（-175,250,-100）、（-10,210,-100）、（115,155,-100）、（250,75,-100）。

（17）单击"样式"操控面板中的"确定"按钮,创建第三条样式曲线,如图 7-20 所示。

（18）单击"样式"按钮,按住<Ctrl>键,按顺序选取第一条曲线、第二条曲线、第三条曲线。

（19）单击"样式"操控面板中的"确定"按钮,创建一个放样曲面,如图 7-21 所示。

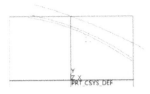

图 7-20　绘制第三条样式曲线

图 7-21　创建一个放样曲面

8. 混合曲面

混合曲面是由一条或两条主曲线和至少一条与主曲线相交的曲线所构成的曲面。

（1）重新启动 Creo 7.0，单击"新建"按钮□，把新建的文件命名为"hunhe.prt"。

（2）单击"样式"按钮□，按照图 7-19 和图 7-20 所示的方法，创建两条样式曲线。

（3）在操控面板中单击"设置内部平面"按钮□，在模型树中选取 RIGHT 基准平面作为草绘平面，把"偏移距离"设为 100mm，活动平面位于 RIGHT 基准平面的左侧（如果活动平面在 RIGHT 基准平面的右侧，就要把"偏移距离"设为-100mm）。

（4）单击"曲线"按钮~→"平面曲线"按钮□，绘制第三条曲线，如图 7-22 所示。

（5）单击"曲线编辑"按钮□，先选取第三条曲线，再按住<Shift>键，拖动第三条曲线的端点到第一条曲线上，把另一个端点拖到第二条曲线上，如图 7-23 所示。

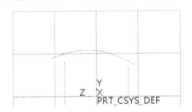

图 7-22　绘制第三条曲线

图 7-23　编辑第三条曲线

（6）单击"确定"按钮☑→"样式"按钮□，先选取第三条曲线，按鼠标中键（或按<Enter>键）。然后按住<Ctrl>键，再选取第一条曲线和第二条曲线。

（7）单击"样式"操控面板中的"确定"按钮☑，创建一个混合曲面，如图 7-24 所示。

图 7-24　创建一个混合曲面

9. 边界曲面

边界曲面是由一连串（至少 3 条）相连的闭合曲线构成的曲面。

（1）重新启动 Creo 7.0，单击"新建"按钮□，把新建的文件命名为"bianjie.prt"。

（2）单击"样式"按钮，按照图 7-19 和图 7-20 所示的方法，创建两条样式曲线。

（3）单击操控面板中的"确定"按钮✔→"设置内部平面"按钮，在模型树中选取 RIGHT 基准平面作为草绘平面，把"偏移距离"设为 100mm。

（4）单击"曲线"按钮～→"平面曲线"按钮，在任一位置单击 5 个点，绘制第三条曲线。

（5）单击"曲线编辑"按钮，先选取第三条曲线，再按住<Shift>键，拖动第三条曲线的节点到第一条曲线上，将另一个节点拖到第二条曲线上，如图 7-25 中左边的曲线所示。

（6）按照前面的方法，任意绘制第四条曲线，如图 7-25 中右边的曲线所示。

（7）先单击"样式"按钮，再按住<Ctrl>键，按顺序选次选取 4 条曲线。

（8）单击"样式"操控面板中的✔，创建一个边界曲面，如图 7-26 所示。

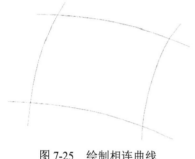

图 7-25　绘制相连曲线　　　　　　　　图 7-26　创建一个边界曲面

10. 样式曲面设计训练

（1）启动 Creo 7.0，单击"新建"按钮，把新建的文件命名为"zaoxingxunlian.prt"。

（2）单击"样式"按钮，系统默认 TOP 基准平面为活动平面。

（3）在工作区的任一位置单击鼠标右键，在弹出快捷菜单中选取"活动平面方向"选项，把视图切换到活动平面方向。

（4）在"样式"操控面板中单击"曲线"按钮～→"平面曲线"按钮，任意选取 4 个点，绘制第一条曲线，如图 7-27 所示。

（5）单击操控面板中的"确定"按钮✔→"曲线编辑"按钮。

（6）选取曲线的第一个点，单击操控面板中的 点 按钮，修改坐标，使之为（0，0，-200）。

（7）采用相同的方法，修改其他 3 个点的坐标，使之分别为（100，0，-100）、（100，0，100）、（0，0，200）。

（8）选取曲线的第一个点，单击操控面板中的 相切 按钮，在"约束"栏中对"第一"选取"竖直"选项，在"属性"栏中把"长度"设为 200mm，如图 7-28 所示。

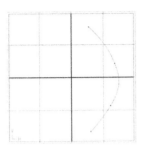

图 7-27　绘制第一条曲线

图 7-28　"约束"选项组的设置

（9）采用相同的办法，选取第四个点，在"约束"栏中对"第一"选取"竖直"，在"属性"栏中把"长度"设为 200mm。

（10）在操控面板中单击"确定"按钮 ☑，绘制第一条样式曲线，如图 7-29 所示。

注意：此时不能单击"样式"视图中的"确定"按钮 ☑，应保留在"样式"视图中，一直到样式曲面创建为止。

（11）在操控面板中单击"内部平面"按钮 。选取 TOP 基准平面，在【基准平面】对话框中把"平移"设为 40mm；单击"确定"按钮，创建一个内部基准平面。

（12）在工作区的任一位置单击鼠标右键，在弹出的快捷菜单中选取"活动平面方向"选项 ，把视图切换到活动平面方向。

（13）在"样式"操控面板中单击"曲线"按钮 →"平面曲线"按钮 ，在任一位置选取 5 个点，绘制第二条曲线，如图 7-30 所示。

图 7-29　绘制第一条样式曲线

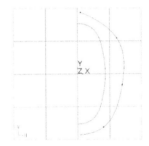

图 7-30　绘制第二条曲线

（14）在操控面板中单击"确定"按钮 ☑→"曲线编辑"按钮 ，依次修改 5 个点的坐标，使之分别为（0，40，-160）、（50，40，-135）、（85，40，0）、（50，40，135）、（0，40，160）。

（15）按鼠标左键选取第一个点，单击操控面板中的 相切 按钮，在"约束"栏中对"第一"选取"竖直"选项，在"属性"栏中把"长度"设为 150mm。

（16）采用相同的办法，选取第 5 个点，在"约束"栏中对"第一"选取"竖直"

选项，在"属性"栏中把"长度"设为150mm。

（17）单击操控面板的"确定"按钮✓，绘制第二条样式曲线，如图7-31所示。

（18）在操控面板中单击"设置活动平面"🔲，选取RIGHT基准平面作为活动平面。

（19）单击"活动平面方向"按钮🔲，把视图切换到活动平面方向。

（20）在"样式"操控面板中单击"曲线"按钮〰️→"平面曲线"按钮🔲，任意选取3个点，单击操控面板中的"确定"按钮✓，绘制第三条曲线，如图7-32所示。

（21）单击"曲线编辑"按钮🔲后，先按住<Shift>键，再拖动第一个端点到第二条曲线的端点附近，两个端点自动对齐。

（22）采用相同的方法，将另一个端点与第一条曲线的端点对齐，如图7-33所示。

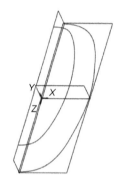

图7-31　绘制第二条样式曲线

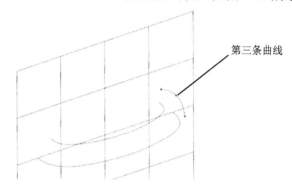

第三条曲线

图7-32　绘制第三条曲线

（23）适当调整第二个点的位置，单击"确定"按钮✓，创建第三条样式曲线，如图7-33中右端的曲线所示。

（24）用同样的方法，创建第四条样式曲线，如图7-33中左边的曲线所示。

（25）单击 曲线▼ 按钮，在下拉菜单中选取"镜像"命令，如图7-34所示。

图7-33　创建第三、四条样式曲线

图7-34　选取镜像命令

（26）按住<Ctrl>键，选取第一条曲线和第二条曲线，在模型树中选取RIGHT基准平面作为镜像平面；单击"确定"按钮✓，创建镜像曲线，如图7-35所示。

（27）单击"曲面"按钮🔲，然后按住<Ctrl>键，依次选取4条曲线，创建第一个样式曲面，如图7-36所示。

图 7-35　镜像曲线

图 7-36　创建第一个样式曲面

（28）采取相同的方法，创建第二个样式曲面，如图 7-37 所示。

（29）单击"设置活动平面"按钮，选取 RIGHT 基准平面作为活动平面。

（30）在工作区任一位置单击鼠标右键，在弹出的快捷菜单中单击"活动平面方向"按钮，把视图切换到活动平面方向。

（31）在"样式"操控面板中单击"曲线"按钮→"平面曲线"按钮，任意选取 3 个点，绘制第五条曲线，如图 7-38 所示。

图 7-37　创建第二个样式曲面

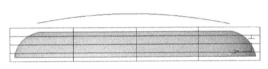

图 7-38　绘制第五条曲线

（32）单击"确定"按钮→"曲线编辑"按钮，按住<Shift>键，拖动曲线的端点，使之与曲面边线的端点重合，如图 7-39 所示。

（33）在操控面板中单击 点 按钮，然后选取曲线的中点，将其坐标改为（0，50，0）。

（34）单击"确定"按钮，在"样式"操控面板中单击"设置活动平面"按钮，选取 FRONT 基准平面作为活动平面。

（35）在"样式"操控面板中单击"曲线"按钮→"平面曲线"按钮，任意选取 3 个点，绘制第六条曲线，如图 7-40 所示。

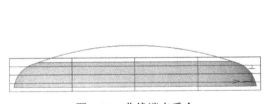

图 7-39　曲线端点重合

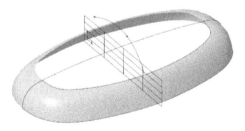

图 7-40　绘制第六条曲线

（36）单击"确定"按钮→"曲线编辑"按钮，按住<Shift>键，拖动曲线的端点，使该端点落在曲面的边线上。

（37）在操控面板中选取 点 选项，然后选取曲线的中点，将坐标改为（0，50，0），修改后的曲线如图 7-41 所示。

（38）单击"曲面"按钮，选取"1"指向的曲线，即选取第一条曲线，如图 7-42 所示。

图 7-41　修改后的曲线

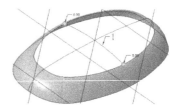

图 7-42　选取第一条曲线

（39）按住<Ctrl>键，选取"2"指向的曲面曲线，即选取第二条曲线，该曲线显示两个端点，如图 7-43 所示。

（40）按住右上角的端点，单击鼠标右键，在弹出的快捷菜单中选取"修剪位置"命令，如图 7-44 所示。

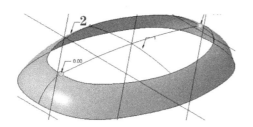

图 7-43　选取第二条曲线

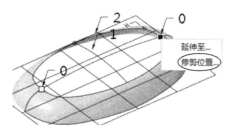

图 7-44　选取"修剪位置"命令

（41）再选取"曲线 1"，把第二条曲线修剪至"曲线 1"，如图 7-45 所示。

（42）继续按住<Ctrl>键（提示：这里不能按<Shift>键），选取另一个曲面的曲线作为第三条曲线，如图 7-46 所示。

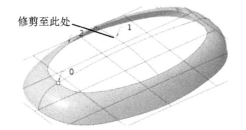

图 7-45　把第二条曲线修剪至曲线 1

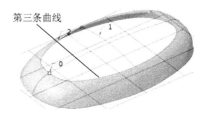

图 7-46　选取第三条曲线

（43）在操控面板中单击"内部链"按钮，选取第四条曲线为内部参考线（内部参考线确定曲面的形状），如图 7-47 所示。

（44）单击"确定"按钮，创建一个样式曲面。该样式曲面与其他曲面是几何连接，即两个曲面之间只存在公共边界，无其他约束，如图 7-48 所示。

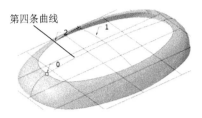

第四条曲线

图 7-47　选取第四条曲线

图 7-48　创建一个样式曲面

以下是定义两个样式曲面相切的步骤：

（1）在模型树中选取样式曲线 *AB*，如图 7-49 所示。单击鼠标右键，在弹出的快捷菜单中选取"编辑定义"选项。

（2）先选取点 *A*，然后在操控面板中选取 相切 选项，对"约束"选取"G1-曲面相切"选项，把"长度"设为 30mm，如图 7-50 所示。

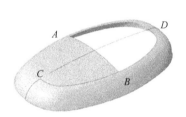

图 7-49　选取样式曲线

图 7-50　设定"曲面相切"

（3）选取图 7-37 中的镜像曲面后，单击"确定"按钮，样式曲线 *AB* 在端点 *A* 处与曲面相切。

（4）采用相同的方法，设定样式曲线 *AB* 的端点 *B* 与图 7-36 所创建的曲面相切，样式曲线 *CD* 与图 7-36 所创建的曲面相切，重新生成的第三个曲面与其他曲面相切，如图 7-51 所示。

注意：如果先按住<Shift>键，再选取第三条曲线，那就不能相切，即两个曲面不相切。

（5）采用相同的方法，创建另一个曲面，如图 7-52 所示。

图 7-51　生成第三个曲面

图 7-52　创建另一个曲面

（6）单击"样式"视图中的"确定"按钮，退出"样式"视图。

（7）单击"加厚"按钮，把"厚度"设为 2mm，完成加厚特征。

（8）单击"保存"按钮，保存文档。

第8章 参数式零件设计

1. 遮阳帽

本节通过绘制一个简单的遮阳帽零件图，重点讲述 Creo 7.0 中的参数式零件设计的基本方法及建模的一般过程。遮阳帽零件图如图 8-1 所示。

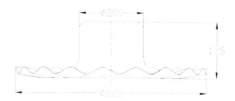

图 8-1　遮阳帽零件图

（1）启动 Creo 7.0，单击"新建"按钮，在【新建】对话框中对"类型"选取"◉□零件"选项，"子类型"选取"◉ 实体"选项；把"名称"设为"taiyangmao"，取消"☑使用默认模板"前面的"√"。单击 **确定** 按钮，在【新文件选项】对话框中选取"mmns_part_solid_abs"选项。

（2）单击"坐标系"按钮，按住<Ctrl>键，依次选取 RIGHT、FRONT、TOP 3 个基准平面（这 3 个基准平面的法线方向依次表示 X 轴、Y 轴、Z 轴），单击 反向 按钮，可以切换 X 轴、Y 轴、Z 轴的方向。【坐标系】对话框如图 8-2 所示。

（3）单击"确定"按钮，创建一个坐标系（注意 X 轴、Y 轴的方向），坐标系名称默认为"CS0"。

（4）在模型树中选取"PRT_CSYS_DEF"坐标系，单击鼠标右键，在弹出的快捷菜单中选取"隐藏"选项，只显示"CS0"坐标系，如图 8-3 所示。

图 8-2　【坐标系】对话框

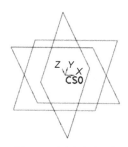

图 8-3　创建坐标系

（5）选取"模型→基准→曲线→来自方程的曲线"命令，如图 8-4 所示。

图 8-4 选取"模型→基准→曲线→来自方程的曲线"命令

（6）在操控面板中选取坐标系，再单击"方程"选项，如图 8-5 所示。

图 8-5 选取坐标系

（7）在"方程"文本框中输入"r=300，x=r*cos(360*t)，y=r*sin(360*t)，z=10*sin(18* 360*t)-150"，如图 8-6 所示。

注意：必须在非中文状态下输入"（"、"）"和"="等字符，如果是在中文状态下输入上述字符，就被系统认为非法字符。

"t"是系统变量，取值范围为 0～1；"r"指半径，"10"指波峰波谷的振幅，
"18"指曲线上有 18 个波峰波谷

图 8-6 在"方程"文本框输入参数

（8）单击 确定 按钮，在绘图区选取"CS0"坐标系，创建一条环状波纹形曲线，如图 8-7 所示。

（9）单击"填充"按钮，以 TOP 基准平面为草绘平面，绘制一个直径为 150mm 的圆，如图 8-8 所示。

（10）单击"确定"按钮，创建一个填充曲面，如图 8-9 所示。

（11）单击"拉伸"按钮 ，在"拉伸"操控面板中单击 放置 按钮→ 定义... 按钮。

图 8-7　创建一条环状波纹形曲线　　　　　　图 8-8　绘制直径为 150mm 的圆

（12）在操控面板的右端单击"平面"按钮 ，选取 TOP 基准平面作为草绘平面，把"偏移距离"设为-20mm，使新建的基准平面向下偏移 20mm。

（13）单击 确定 按钮，以原点为圆心，绘制直径为 200mm 的圆。

（14）单击"确定"按钮 ，在"拉伸"操控面板中单击"面"按钮 ，选取"不通孔"选项 ，把"深度"设为 80mm。单击"反向"按钮 ，使拉伸方向朝下。

（15）单击"确定"按钮，创建拉伸曲面，如图 8-10 所示。

图 8-9　创建一个填充曲面　　　　　　　　　图 8-10　创建拉伸曲面

（16）单击"边界混合"按钮 ，选取步骤（8）创建的环状波纹形曲线作为第一条曲线。

（17）按如下步骤选取第二条曲线：按住<Ctrl>键，选取拉伸曲面的下边沿线，此时只选取了拉伸曲面边线的半圆；再按住<Shift>键，选取下边沿线的另一半圆，创建边界混合曲面 1。

（18）在某些型号的计算机上创建的曲面没有对齐，可按以下步骤进行对齐：在模型树中把绿色的横线拖至 边界混合 1 的前面，在快捷菜单中单击"点"按钮 ，再选取拉伸曲面的下边线；在【基准点】对话框中把"偏移"设为 0.5，对"类型"选取"比率"选项，如图 8-11 所示。

（19）在模型树中把绿色的横线拖至 边界混合 1 的后面，再选取 边界混合 1；单击鼠标右键，在弹出的快捷菜单中选取"编辑定义"选项 ，在"边界混合"操控面板中单击 控制点 按钮，先选取环状波纹曲线的端点，再选取上一步骤创建的点，使所选择的点对齐，如图 8-12 所示。此时，两个曲面只是几何连接，并不相切。

（20）在操控面板中单击 约束 按钮，对"最后一条链"选取"相切"选项，如图 8-13 所示。

图 8-11　【基准点】对话框设置

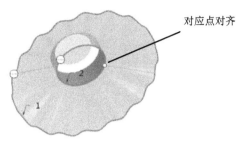

对应点对齐

图 8-12　对应点对齐

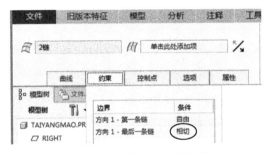

图 8-13　选取"相切"选项

（21）单击"确定"按钮 ☑，所创建的边界混合曲面 1 与拉伸曲面相切，如图 8-14 所示。

（22）单击"边界混合曲面"按钮 ◢，按如下步骤选取第一条曲线：先选取拉伸曲面上面的边线；再按住<Shift>键，在拉伸曲面边线上选取同一个圆上的其他部分。

（23）按如下步骤选取边界混合曲面的第二条曲线：按住<Ctrl>键，选取填充曲面的边线；再按住<Shift>键，在填充曲面边线上选取同一个圆上的其他部分。

（24）单击"确定"按钮 ☑，创建边界混合曲面 2，如图 8-15 所示。如果不能创建曲面，可拖动白色的小圆点到另一个端点，如图 8-16 所示。

图 8-14　边界混合曲面 1 与拉伸曲面相切

图 8-15　创建边界混合曲面 2

（25）在操控面板中单击 约束 按钮，对"第一条链"选取"相切"选项，对"最后一条链"选取"相切"选项。

（26）单击"确定"按钮☑，边界混合曲面 2 与相邻曲面相切，如图 8-17 所示。

白色小圆点

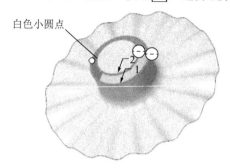
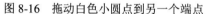

图 8-16　拖动白色小圆点到另一个端点　　　图 8-17　边界混合曲面 2 与相邻曲面相切

（27）按住<Ctrl>键，在工作区按排列顺序，依次选取填充曲面、边界混合曲面 2、拉伸曲面、边界混合曲面 1，单击"合并"按钮🗇，使所有曲面合并在一起。

注意：当需要选取边界混合曲面 1、拉伸曲面、边界混合曲面 2 时，只能选择其中一个，不能选择两个以上。否则，曲面不能合并。

（28）选取合并后的曲面，再单击"加厚"按钮▤，在操控面板中把"厚度"设为 1.0mm。

（29）单击"确定"按钮☑，创建加厚特征。

（30）单击"保存"按钮💾，保存文档。

2. 齿轮

本节通过绘制一个简单的齿轮零件图，重点讲述 Creo 7.0 参数式零件设计的基本方法以及建模的一般过程。齿轮结构如图 8-18 所示。

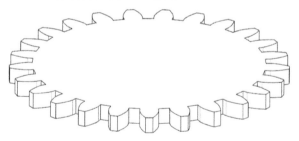

图 8-18　齿轮结构

（1）启动 Creo 7.0，单击"新建"按钮，在【新建】对话框中对"类型"选取"◉▢零件"选项，"子类型"选取"◉实体"选项；把"名称"设为"chilun"，取消"☑使用默认模板"前面的"√"。

（2）单击 确定 按钮，在【新文件选项】对话框中选取"mmns_part_solid_abs"选项。

（3）单击"工具"选项卡，选取"d=关系"命令，如图 8-19 所示。

图 8-19　选取"d=关系"命令

（4）在"关系"文本框中依次输入下列参数：

```
m=2
zm=25
alpha=20
d=zm*m
da=(zm+2)*m
db=zm*m*cos(Alpha)
df=(zm-2.5)*m
```

上述各参数的含义见表 8-1。

表 8-1　齿轮各项参数的名称及公式

名　　称	值	参数的含义
m	2	模数
zm	25	齿数
alpha	20	压力角
d	zm*m	分度圆直径
da	(zm+2)*m	齿顶圆直径
db	zm*m*cos(alpha)	齿基圆直径
df	(zm-2.5)*m	齿根圆直径

（5）输入参数后，"关系"文本框如图 8-20 所示。

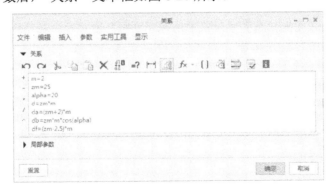

图 8-20　输入参数后的"关系"文本框

（6）单击"草绘"按钮📇，选取 TOP 基准平面作为草绘平面，以原点为圆心，绘制一个圆，并把直径标注改为 da（齿顶圆），如图 8-21 所示。

（7）按<Enter>键，直径标注尺寸自动改为 54mm。

（8）采用相同的方法，创建其他 3 个圆，圆弧直径分别为 d、db、df。

（9）单击"确定"按钮☑️，完成草绘，4 个同心圆如图 8-22 所示。

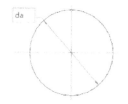

图 8-21　标注改为 da　　　　　　　图 8-22　创建的 4 个同心圆

（10）单击"坐标系"按钮✳️，按住<Ctrl>键，依次选取 RIGHT、FRONT、TOP 3 个基准平面（依次表示 X 轴、Y 轴、Z 轴），单击 反向 按钮，可以切换 X 轴、Y 轴、Z 轴的方向，参考图 8-2。

（11）单击"确定"按钮☑️，创建"CS0"坐标系（注意 X 轴、Y 轴的方向），隐藏坐标系"PRT_CSYS_DEF"，只显示"CS0"坐标系，如图 8-3 所示。

（12）在横向菜单中选取"模型→基准→曲线→来自方程的曲线"命令，参考图 8-4。

（13）在操控面板中选取"笛卡儿"坐标系，再单击"方程"选项，参考图 8-5。

（14）在"方程"文本框中，输入渐开线方程（在非中文状态下输入"（"、"）"和"="）：

```
theta=45*t
x=db*cos(theta)/2+theta*pi()/360*db*sin(theta)
y=db*sin(theta)/2-theta*pi()/360*db*cos(theta)
z=0
```

（15）单击 确定 按钮，然后在模型树中选取"CS0"坐标系，创建一条渐开线，如图 8-23 所示。

注意：如果创建的渐开线在第四象限，那应该在模型树中选取 ✳️ CS0 选项，单击"编辑定义"按钮✏️；在【坐标系】对话框中选取"方向"选项卡，在"Y"方向单击 反向 按钮。改变坐标系 Y 轴的方向后，渐开线就会位于第一象限。

（16）单击"草绘"按钮📇，选取 TOP 基准平面作为草绘平面，通过原点，任意绘制一条直线，如图 8-24 所示。

（17）单击"重合"按钮➡️，先选取直线的端点，再选取从外到里的第二个圆，则直线的端点落在圆上。然后，选取直线的端点，再选取渐开线，则直线的端点落在渐开线上，如图 8-25 所示。

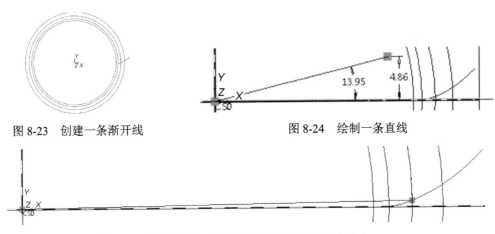

图 8-23 创建一条渐开线   图 8-24 绘制一条直线

图 8-25 直线的端点落在渐开线与第二个圆的交点上

（18）单击"草绘"按钮[图]，选取 TOP 基准平面作为草绘平面，通过原点，绘制一条直线。把该直线与上一步骤所绘直线的夹角设为"360/zm/2/2"，如图 8-26 所示。

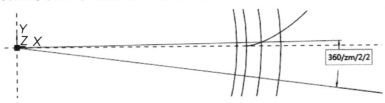

图 8-26 把两条直线的夹角设为"360/zm/2/2"

（19）按<Enter>键，两条直线的夹角变为 3.6°；单击"确定"按钮[✓]，创建一条直线。

（20）在模型树中选取"～曲线 1"，再单击"镜像"按钮[图]；然后单击"模型"选项卡→"基准平面"按钮[□]。按住<Ctrl>键，选取图 8-26 中所创建的直线和 TOP 基准平面。

（21）在【基准平面】对话框中把"TOP：（F3 基准平面）"设为"法向"，设置完毕，单击 确定 按钮。

（22）单击"镜像"操控面板的"确定"按钮[✓]，创建镜像曲线，如图 8-27 所示。

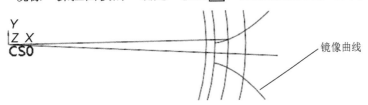

图 8-27 创建的镜像曲线

（23）先单击"拉伸"按钮[图]，然后在操控面板中单击 放置 按钮→ 定义... 按钮，选取 TOP 基准平面作为草绘平面，以原点作为圆心，绘制一个圆。双击直径标注，把它修改为"da"。

（24）单击"确定"按钮✔，把"拉伸距离"设为 10mm，创建一个圆柱体，如图 8-28 所示。

（25）单击"拉伸"按钮，在操控面板中单击 放置 按钮→ 定义... 按钮，选取实体圆柱的上表面作为草绘平面，以 RIGHT 基准平面为参考平面，方向向右。

（26）单击 草绘 按钮，进入草绘模式。

（27）单击"投影"按钮，选取两条渐开线、最小的圆和最大的圆，投影到圆柱的上表面。

（28）单击"线链"按钮，经过渐开线的端点，绘制两条渐开线的切线，并与小圆相交。

（29）单击"删除段"按钮，删除多余的线段，只保留一个封闭的曲线，草绘效果如图 8-29 所示。

齿根圆投影线
齿顶圆投影线
切线
渐开线投影线

图 8-28　创建一个圆柱体　　　　图 8-29　草绘效果

（30）单击"确定"按钮✔，在操控面板中选取"通孔"选项和"移除材料"选项。

（31）单击"反向"按钮，使箭头朝下。

（32）单击"确定"按钮✔，创建切除特征，如图 8-30 所示。

（33）在模型树中选取"拉伸 2"，再单击"阵列"按钮；在"阵列"操控面板中对"阵列类型"选取"轴"选项，选取圆柱的中心轴，把"成员数"设为 25，"成员间的角度"设为"360/25"。

（34）单击"确定"按钮✔，创建一个齿轮特征，如图 8-31 所示。

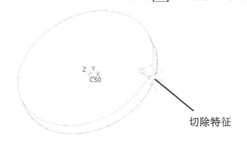

切除特征

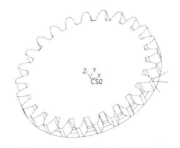

图 8-30　创建切除特征　　　　图 8-31　创建一个齿轮特征

（35）在模型树中单击"显示"按钮，再选取"层树"选项，如图 8-32 所示。

（36）在模型树中选取"03_PRT_ALL_CURVES"，单击鼠标右键，在弹出的快捷菜单中选取"隐藏"命令，隐藏所有的曲线，如图 8-33 所示。

图 8-32　选取"层树"选项

图 8-33　隐藏所有的曲线

3. 饮料瓶

本节通过绘制一个简单的饮料瓶零件图，重点讲述 Creo 7.0 参数式曲线与图形控制曲线同时在零件设计中的应用。饮料零件图如图 8-34 所示。

（1）启动 Creo 7.0，单击"新建"按钮 ，在【新建】对话框中对"类型"选取" 零件"选项，"子类型"选取" 实体"选项；把"名称"设为"bottle"，取消" 使用默认模板"前面的"√"。

（2）单击 确定 按钮，在【新文件选项】对话框中选取"mmns_part_solid_abs"选项。

图 8-34　饮料瓶零件图

（3）绘制第一条曲线：单击"草绘"按钮 ，以 FRONT 基准平面为草绘平面，绘制第一条曲线，如图 8-35 所示。

（4）绘制第二条曲线：单击"草绘"按钮 ，以 FRONT 基准平面为草绘平面，绘制第二条曲线，如图 8-36 所示。

（5）绘制第三条曲线：在模型树中选取第二条曲线，再单击"镜像"按钮 ，选取 RIGHT 基准平面作为镜像平面，镜像第二条曲线，使之成为第三条曲线如图 8-37 所示。

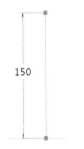

图 8-35　绘制第一条曲线

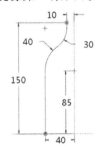

图 8-36　绘制第二条曲线

图 8-37　镜像第二条曲线

（6）绘制第四条曲线：单击"草绘"按钮 ，以 RIGHT 基准平面为草绘平面，绘制第四条直线，如图 8-38 所示。

（7）绘制第五条曲线：在模型树中选取第四条曲线，再单击"镜像"按钮 ，选取 FRONT 基准平面作为镜像平面，镜像第四条曲线，使之成为第五条曲线，如图 8-39 所示。

（8）在横向菜单中选取"模型"选项卡，单击 基准▼ 按钮，选取 ⌄ 图形 命令，把图形的名字设为"Radius"。

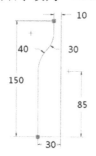

图 8-38　绘制第四条曲线

图 8-39　镜像第四条曲线

（9）在草绘窗口中插入一个坐标系，并绘制两条水平线和两段圆弧。其中，两条圆弧的半径相等，如图 8-40 所示。单击"确定"按钮✔，退出草绘模式。

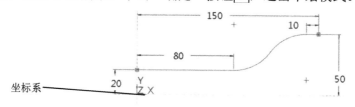

图 8-40　绘制两条水平线和两段圆弧

（10）单击"扫描"按钮，先选取中间的曲线为主曲线，起点为坐标原点，如图 8-41 所示。

（11）按住<Ctrl>键，选取其余 4 条曲线。

（12）在操控面板中单击"创建或编辑扫描截面"按钮，经过 4 条曲线的端点绘制一个截面，4 个圆角的半径为 $R8$mm，如图 8-42 所示。

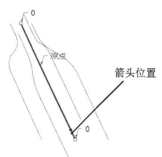

图 8-41　选取主曲线

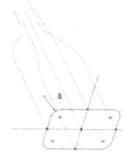

图 8-42　绘制一个截面

提示：可以先任意绘制一个矩形，再单击"重合"按钮，将矩形的四边约束到曲线的端点，然后再对矩形进行倒圆角处理。

（13）在横向菜单中选取"工具"选项卡，单击"d=关系"命令，在文本框中输入关系式：sd#=evalgraph("radius",trajpar*150)/5。

注意: sd#中的 "#" 是一个数字, 指的是图 8-42 中标注为 8 的编号, 不同类型的计算机在绘制此图时的编号可能不相同。"evalgraph" 是用参数绘制曲线的函数, "radius" 是图 8-40 的图形名, "trajpar*150" 是长度为 150mm 的曲线对应的各点横坐标, 整个函数的返回值是各点的纵坐标。

sd#=evalgraph("radius",trajpar*150)/5 的含义: 在图 8-42 中, 半径值的大小等于图 8-40 中长度为 150mm 的曲线上对应点的纵坐标值除以 5。

（14）单击 "确定" 按钮 ☑, 图 8-42 中的圆角尺寸自动更新为 R4mm。

（15）在 "草绘" 操控面板中单击 "确定" 按钮 ☑, 退出草绘模式。

（16）在 "扫描" 操控面板中单击 "可变截面" 按钮 ☑ → "确定" 按钮 ☑, 创建零件图。其中, 零件 4 个圆角上的半径值是由图 8-40 所绘的曲线决定的, 如图 8-43 所示。

（17）单击 "边倒圆" 按钮 ☑, 饮料瓶底部的倒圆角半径变为 2mm。

（18）单击 "抽壳" 按钮 ☑, 创建抽壳特征, 把 "厚度" 设为 1mm。

（19）单击 "☑扫描" 旁边的 ▼ 符号, 选取 "螺旋扫描" 命令 ☑。在 "螺旋扫描" 操控面板中单击 参考 按钮 → 定义... 按钮。

（20）选取 FRONT 基准平面作为草绘平面, 以 RIGHT 基准平面为参考平面, 方向向右; 绘制轨迹线与基准中心线, 如图 8-44 所示。

图 8-43　创建零件图

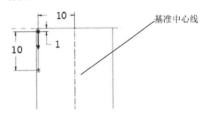

图 8-44　绘制轨迹线与基准中心线

（21）先单击 "确定" 按钮 ☑, 然后在 "扫描" 操控面板单击 "编辑截面" 按钮 ☑, 绘制一个截面, 如图 8-45 所示。

（22）在 "螺纹" 操控面板中, 把螺距设为 1.5mm。

（23）单击 "确定" 按钮 ☑, 在瓶口创建螺纹特征, 如图 8-46 所示。

注意: 在创建螺纹时, 截面与螺距相比较, 截面不能太大或螺距不能太小; 否则, 不能创建螺纹。

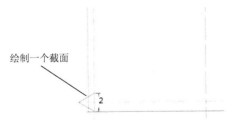

图 8-45　绘制一个截面

图 8-46　在瓶口创建螺纹特征

第9章 从上往下造型设计

本章介绍两个造型设计实例，详细介绍 Creo 7.0 中从上往下（Top to Down Design）的设计方法。采用这种造型方法，不仅可以减少各个装配零件的误差，还能大大缩短产品设计时间。

1. 果盒

本节通过果盒造型设计实例，详细介绍只包含两级零件的从上往下造型设计的方法。果盒零件图如图 9-1 所示。

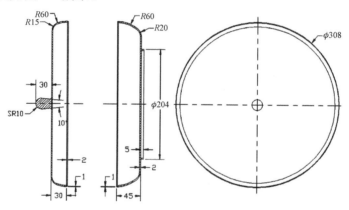

图 9-1　果盒零件图

（1）启动 Creo 7.0，单击"新建"按钮 ，在【新建】对话框中对"类型"选取"◉ 装配"选项，"子类型"选取"◉ 设计"选项；把"名称"设为"GUOHE"，取消"☑ 使用默认模板"前面的"√"。

（2）单击　确定　按钮，在【新文件选项】对话框中选择"mmns_asm_design_abs"模板，再次单击　确定　按钮。

（3）在模型树中选择"设置"按钮 ，选取"树过滤器"选项 ；在【模型树项】对话框中选取"√特征"复选项。

（4）单击　确定　按钮，模型树中显示 3 个基准平面与基准坐标系。

（5）单击"创建"按钮 ，在【创建元件】对话框中对"类型"选取"◉ 骨架模型"选项，"子类型"选取"◉ 标准"选项，接受系统默认的名称"GUOHE_SKEL"，单击　确定　按钮。

（6）在【创建选项】对话框中选取"◉ 空"选项，单击 确定 按钮。

（7）在模型树中选择 GUOHE_SKEL.PRT，单击鼠标右键，在弹出的快捷菜单中单击"激活"按钮 ，激活"GUOHE_SKEL.PRT"零件图。

（8）单击"复制几何"按钮 ，在"复制几何"操控面板中先单击"将参考类型设为装配上下文"按钮 ，然后单击"仅限发布几何"按钮 （使该按钮为弹起状态）。

（9）在"复制几何"操控面板中单击 参考 按钮，在"参考"界面中单击"移动参考"文本框中的"单击此处添加项"字符，即 单击此处添加项 。然后，按住<Ctrl>键，选取 TOP、RIGHT、FRONT 3 个基准平面。

（10）在"复制几何"操控面板中单击 选项 按钮，选取"◉ 按原样复制所有曲面"单选项。

（11）单击"确定"按钮 ，把所选取的 3 个基准平面复制到 GUOHE_SKEL.PRT 中。

（12）在模型树中选择 GUOHE_SKEL.PRT，单击鼠标右键，在弹出的快捷菜单中选取"打开"按钮 ，打开 GUOHE_SKEL.PRT 零件图。

（13）单击"旋转"按钮 ，选取 FRONG 基准平面作为草绘平面，再选择 RIGHT 与 TOP 基准平面作为参考基准，工作区出现两条垂直的参考线，如图 9-2 所示。

（14）单击"草绘视图"按钮 ，切换到草绘模式。

（15）在草绘模式下绘制一个封闭的截面，其中圆弧的圆心在 X 轴上，如图 9-3 所示。

（16）在"基准"区单击"中心线"按钮 ，绘制一条竖直中心线，如图 9-3 所示。

图 9-2　选取参考基准

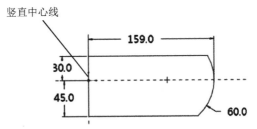

图 9-3　绘制一个封闭的截面和一条竖直中心线

（17）单击"确定"按钮先按<Enter>键，再单击"确定"按钮 ，创建旋转特征。

（18）单击"倒圆角"按钮 ，给旋转体的上边缘添加倒圆角，半径为 15mm；然后给旋转体的下边缘添加倒圆角，半径为 20mm，如图 9-4 所示。

（19）单击"抽壳"按钮 ，直接在操控面板中把"厚度"设为 2mm。先按<Enter>键，再单击"确定"按钮 ，创建抽壳特征。注意：若没有选取可移除面，则所创建的抽壳特征是一个空壳。

（20）单击"保存"按钮 ，保存文档。

（21）在工作界面的上方单击"窗口"按钮 ，打开 GUOHE.ASM。

（22）单击"创建"按钮 ，在【创建元件】对话框中对"类型"选取"◉ 零件"选项，"子类型"选取"◉ 实体"选项，把"名称"设为"GUOHE_01"，单击 确定 按钮。

（23）在【创建选项】对话框中选取"⊙空"选项，单击 确定 按钮，创建"GUOHE_01.PRT"零件图。

（24）在模型树中选择 GUOHE_01.PRT，单击鼠标右键，在弹出的快捷菜单中单击"激活"按钮。

（25）单击 获取数据 按钮，选取"合并/继承"命令，在"合并/继承"操控面板中单击 参考 按钮。

（26）在"参考"界面中选取"√复制面组"复选项，然后在工作区选取所有曲面（骨架模型）；再单击"确定"按钮，选取的骨架模型被复制到 GUOHE_01.PRT 中。

（27）单击"复制几何"按钮，在"复制几何"操控面板中单击"将参考类型设为装配上下文"按钮 → "仅限发布几何"按钮（使该按钮为弹起状态）。

（28）单击 参考 按钮，在"参考"界面中单击移动"参考"文本框中的字符 单击此处添加项；按住<Ctrl>键，选取 TOP、RIGHT、FRONT 3 个基准平面。

（29）在"复制几何"操控面板中单击 选项 按钮，选取"⊙按原样复制所有曲面"单选项。

（30）单击"确定"按钮，把所选取的 3 个基准平面复制到 GUOHE_01.PRT 中。

（31）在模型树中选择 GUOHE_01.PRT，单击鼠标右键，在弹出的快捷菜单中选择"打开"按钮，打开 GUOHE_01.PRT 零件图，可以看到实体和 3 个基准平面。

（32）单击"拉伸"按钮，选取 TOP 基准平面作为草绘平面，再选择 FRONT 基准平面与 RIGHT 基准平面作为参考基准，工作区出现两条垂直的基准线，如图 9-5 所示。

图 9-4　给旋转体添加倒圆角

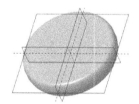

图 9-5　出现两条垂直的基准线

（33）在草绘模式下绘制一个截面（320mm×320mm），如图 9-6 所示。

（34）在"拉伸"操控面板中选取"通孔"选项，单击"反向"按钮，使箭头朝上，然后单击"移除材料"按钮。

（35）单击"确定"按钮，切除零件的上半部分，保留下半部分，如图 9-7 所示。

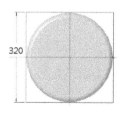

图 9-6　绘制一个截面

图 9-7　切除零件的上半部分

（36）单击唇特征按钮 ⊙ 唇（唇特征按钮的调出方式请参考第 3 章 Pro/ENGINEER 版特征命令）。

（37）按住<Ctrl>键，选取抽壳特征的内边缘线，如图 9-8 中的粗线所示，单击"完成"按钮。

（38）选取零件口部所在平面作为偏移曲面，把"偏移"设为 2mm，从边到拔模曲面的"距离"设为 1mm。

（39）选取零件口部所在平面作为拔模面，把"拔模角度"设为 3°。

（40）单击"确定"按钮，创建唇特征，如图 9-9 所示。

图 9-8　选取内边缘线　　　　　　　　　　图 9-9　创建唇特征

（41）单击"旋转"按钮，选取 FRONG 基准平面作为草绘平面，再选择 RIGHT 基准平面与 TOP 基准平面作为参考基准，工作区出现两条垂直的基准线。

（42）在草绘模式下绘制一个矩形截面（2mm×5mm），如图 9-10 所示。

（43）单击"基准"区的"中心线"按钮，绘制一条竖直中心线，如图 9-10 所示。

（44）单击"确定"按钮，创建零件底部的旋转特征，如图 9-11 所示。

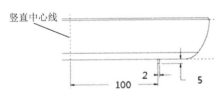

图 9-10　绘制一个矩形截面和一条竖直中心线　　　　图 9-11　创建零件底部的旋转特征

（45）单击"保存"按钮，保存文件。

（46）在屏幕的上方单击"窗口"按钮，打开 GUOHE.ASM 零件图。

（47）单击"创建"按钮，在【创建元件】对话框中对"类型"选取"◎ 零件"选项，"子类型"选取"◎ 实体"选项；把"名称"设为"GUOHE_02"，单击 确定 按钮。

（48）在【创建选项】对话框中选取"◎ 空"选项，单击 确定 按钮，创建 GUOHE_02.PRT 零件图。

（49）在模型树中选取"GUOHE_02.PRT"，单击鼠标右键，在弹出的快捷菜单中单击"激活"按钮。

（50）单击 获取数据 按钮，选取"合并/继承"命令，在"合并/继承"操控面板中

单击 参考 按钮。

（51）在"参考"界面中选取"☑复制面组"复选项，然后在工作区选取所有曲面（骨架模型）；再单击"确定"按钮☑，选取的骨架模型被复制到 GUOHE_02.PRT 中。

（52）单击"复制几何"按钮，在"复制几何"操控面板中单击"将参考类型设为装配上下文"按钮→"仅限发布几何"按钮（使该按钮为弹起状态）。

（53）单击 参考 按钮，在"参考"界面中单击"移动参考"文本框中的字符 单击此处添加项 。按住<Ctrl>键，选取 TOP、RIGHT、FRONT 3 个基准平面。

（54）在"复制几何"操控面板中单击 选项 按钮，选取"◉按原样复制所有曲面"单选项。

（55）单击"确定"按钮☑，所选取的基准平面被复制到 GUOHE_02.PRT 中。

（56）在模型树中选择 GUOHE_02.PRT，单击鼠标右键，在弹出的快捷菜单中选择"打开"按钮，打开 GUOHE_02.PRT 零件图。

（57）单击"拉伸"按钮，选取 TOP 基准平面作为草绘平面，再选择 FRONT 基准平面与 RIGHT 基准平面作为参考基准，工作区出现两条垂直的基准线。

（58）在草绘模式下绘制一个截面（320mm×320mm）。

（59）在"拉伸"操控面板中选取"通孔"选项，单击"反向"按钮，使箭头朝下，然后单击"移除材料"按钮。

（60）单击"确定"按钮☑，切除零件的下半部分，保留上半部分，如图 9-12 所示。

（61）按住鼠标中键，翻转实体，创建的抽壳特征如图 9-13 所示。

图 9-12　切除零件的下半部分

图 9-13　创建的抽壳特征

（62）单击唇特征按钮 唇。

（63）按住<Ctrl>键，选取抽壳特征的内边缘线，如图 9-8 中的粗线所示，单击"完成"按钮。

（64）选取零件口部所在平面作为偏移曲面，把"偏移值"设为-2mm，把从边到拔模曲面的"距离"设为 1mm。

（65）选取零件口部所在平面作为拔模面，把"拔模角度"设为 3°。

（66）单击"确定"按钮，创建唇特征，如图 9-14 所示。

（67）单击"旋转"按钮，再选择 RIGHT 基准平面与 TOP 基准平面作为参考基准，工作区出现两条垂直的基准线。

（68）在草绘模式下绘制一个封闭的截面，如图 9-15 所示。

（69）单击"基准"区的"中心线"按钮，绘制一条竖直中心线，如图 9-15 所示。

（70）单击"确定"按钮✓，创建旋转特征，如图 9-16 所示

（71）单击"保存"按钮🖫，保存文件。

（72）在工作界面的上方单击"窗口"按钮，打开 GUOHE.ASM 零件图。

唇

图 9-14　创建唇特征

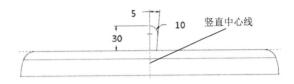

竖直中心线

图 9-15　绘制一个封闭的截面和一条竖直中心线

（73）在模型树中选取 GUOHE.ASM，单击鼠标右键，在弹出的快捷菜单中单击"激活"按钮，激活整个装配图 GUOHE.ASM。如果已经激活，那么直接跳过该步骤。

（74）在模型树中选取 GUOHE_SKEL.PRT，单击鼠标右键，在弹出的快捷菜单中单击"隐藏"按钮，隐藏 GUOHE_SKEL.PRT。

（75）在模型树中选取 GUOHE_01.PRT 和 GUOHE_02.PRT，单击鼠标右键在弹出的快捷菜单中单击"取消隐藏"按钮，显示 GUOHE_01.PRT 和 GUOHE_02.PRT，即显示装配图，如图 9-17 所示。

（76）单击"保存"按钮🖫，保存文件。

图 9-16　创建旋转特征

图 9-17　显示装配图

2. 电子钟

本节通过电子钟造型设计实例，详细介绍包含多级零件的从上往下造型设计的方法。电子钟零件图如图 9-18 所示。

图 9-18　电子钟零件图

（1）启动 Creo 7.0，单击"新建"按钮，在【新建】对话框中对"类型"选取"◉装配"选项，"子类型"选取"◉设计"选项；把"名称"设为"CLOCK"，取消"☑使

用默认模板"前面的"√"。

（2）单击 确定 按钮，在【新文件选项】对话框中选择"mmns_asm_design_abs"模板，再次单击 确定 按钮。

（3）在模型树中单击"设置"按钮，选取"树过滤器"命令，在【模型树项】对话框中选取"☑特征"复选项。

（4）单击 确定 按钮，模型树中显示 3 个基准平面与基准坐标系。

（5）单击"创建"按钮，在【创建元件】对话框中对"类型"选取"⊙骨架模型"选项，"子类型"选取"⊙标准"选项；接受系统默认的名称"CLOCK_SKEL"，单击 确定 按钮。

（6）在【创建选项】对话框中选取"⊙空"选项，单击 确定 按钮。

（7）在模型树中选择 CLOCK_SKEL.PRT，单击鼠标右键，在弹出的快捷菜单中单击"激活"按钮，激活"CLOCK_SKEL.PRT"零件图。

（8）单击"获取数据"区域中的"复制几何"按钮，在"复制几何"操控面板中单击"将参考类型设为装配上下文"按钮→"仅限发布几何"按钮（使该按钮为弹起状态）。

（9）在"复制几何"操控面板中单击 参考 按钮，在"参考"界面中单击"移动参考"文本框中的字符 单击此处添加项。然后，按住<Ctrl>键，选取 TOP、RIGHT、FRONT 3 个基准平面。

（10）在"复制几何"操控面板中单击 选项 按钮，选取"⊙按原样复制所有曲面"单选项。

（11）单击"确定"按钮，把所选取的基准平面复制到 CLOCK_SKEL.PRT。

（12）在模型树中选择"CLOCK_SKEL.PRT"，单击鼠标右键，在弹出的快捷菜单中选取"打开"按钮，打开"CLOCK_SKEL.PRT"零件图。

（13）单击 形状▼ 按钮→"混合"按钮，在"混合"操控面板中单击 截面 选项→"⊙草绘截面"单选项→ 定义... 按钮。

（14）选取 FRONG 基准平面作为草绘平面，以 TOP 基准平面为参考平面，方向向上；单击 草绘 按钮，进入草绘模式。

（15）单击"草绘视图"按钮，切换到草绘视图。

（16）选择 RIGHT 基准平面与 TOP 基准平面作为参考平面，工作区出现两条垂直的基准线。

（17）绘制截面 1，如图 9-19 所示（注意箭头位置）。

（18）单击"确定"按钮，在"混合"操控面板中单击 截面 选项→"⊙草绘截面"单选项。对"草绘平面位置定义方式"选取"⊙偏移尺寸"复选项，"偏移自"选取"截面 1"，把"距离"设为 50mm，再单击 定义... 按钮。

（19）绘制截面 2，矩形的下边线与 X 轴重合，如图 9-20 所示（注意箭头位置）。

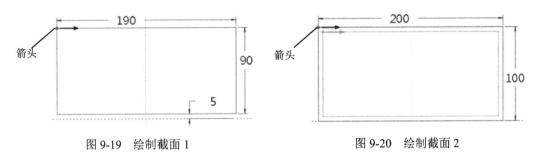

图 9-19　绘制截面 1　　　　　　　　　　图 9-20　绘制截面 2

（20）单击"确定"按钮✔，创建混合特征，如图 9-21 所示。

（21）单击"边倒圆"按钮，混合 4 条棱边的倒圆角（$R10$mm）特征，如图 9-22 所示。

图 9-21　创建的混合特征　　　　　　　图 9-22　混合 4 条棱边的倒圆角特征

（22）再次单击"边倒圆"按钮，混合侧面、前面和后面倒圆角（$R5$mm）特征，如图 9-23 所示。

（23）单击"抽壳"按钮，直接在操控面板中把"厚度"设为 2mm，创建抽壳特征。

注意：若没有选取可移除面，则所创建的抽壳特征是一个空壳。

（24）单击 基准▼ 按钮，依次选取"曲线"和"轮廓曲线"命令。若找不到此命令，可以在工作区右上角单击"命令搜索"按钮🔍，在文本框中输入"轮廓曲线"，即可显示"轮廓曲线"命令。

（25）在"轮廓曲线"操控面板中单击 参考 按钮→ 细节 按钮。

（26）在【曲面集】对话框中单击 添加(A) 按钮。

（27）选取实体的任一面，在【曲面集】对话框中选取"⦿所有实体曲面"复选项。

（28）单击 确定(O) 按钮。

（29）在"轮廓曲线"操控面板中单击"指定创建轮廓线方向"的 单击此处添加项 ，然后在工作区选取 FRONT 基准平面。

（30）单击"确定"按钮✔，创建轮廓曲线，如图 9-24 所示。

（31）单击"拉伸"按钮→ 放置 按钮→ 定义... 按钮，选取 RIGHT 基准平面作为草绘平面，以 TOP 基准平面为参考平面，方向向上。

（32）选取 FRONT 基准平面与 TOP 基准平面作为参考平面，工作区出现两条互相垂直的基准线。

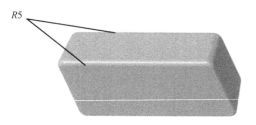

图 9-23　混合侧面、前面和后面倒圆角特征

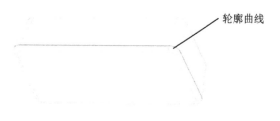

图 9-24　创建轮廓曲线

（33）绘制一条直线，与轮廓曲线对齐，如图 9-25 所示。

提示：如果不能切换到草绘视图，那就在横向菜单中选取"视图"选项卡，单击"已保存方向"按钮，然后选取"视图方向"命令；再选取 RIGHT 基准平面，即可切换到侧视图方向。

（34）单击"确定"按钮✅，在"拉伸"操控面板中单击"曲面"按钮◰→"对称"按钮⊞，把"距离"设为 200mm。

（35）单击"确定"按钮✅，创建一个拉伸曲面，如图 9-26 所示。

图 9-25　绘制一条直线

图 9-26　创建一个拉伸曲面

（36）单击"保存"按钮💾，保存文件。

（37）在工作界面的上方单击"窗口"按钮，打开 CLOCK.ASM 零件图。

（38）单击"创建"按钮，在【创建元件】对话框中"类型"选取"◉零件"选项，"子类型"选取"◉实体"选项，把"名称"设为"CLOCK_01"，单击 **确定** 按钮。

（39）在【创建选项】对话框中选取"◉定位默认基准"单选项和"◉对齐坐标系与坐标系"单选项，单击 **确定** 按钮。

（40）在工作区选取 ASM_DEF_CSYS 坐标系，创建 CLOCK_01.PRT。此时，模型树中的 CLOCK_01.PRT 处于激活状态。

（41）单击 获取数据▼ 按钮，选取"合并/继承"命令，在"合并/继承"操控面板中单击 参考 按钮，在"参考"界面中取消"☑复制基准平面"与"☑复制面组"复选项前面的"√"，如图 9-27 所示。

（42）选取所有曲面（骨架模型），单击"确定"按钮✅，所选取的曲面被复制到 CLOCK_01.PRT 中。

（43）单击"复制几何"按钮，在"复制几何"操控面板中单击"将参考类型设为装配上下文"按钮→"仅限发布几何"按钮（使该按钮为弹起状态）。

（44）选取拉伸曲面，单击"确定"按钮，所选取的曲面被复制到 CLOCK_01.PRT 中。

（45）在模型树中选择 CLOCK_01.PRT，单击鼠标右键，在弹出的快捷菜单中单击"打开"按钮，打开 CLOCK_01.PRT 零件图。

（46）在模型树中选取拉伸曲面，单击鼠标右键，在弹出的快捷菜单中单击"实体化"按钮，在"实体化"操控面板中单击"切除材料"按钮；再单击"反向"按钮，使箭头朝外。

（47）单击"确定"按钮，切除零件前半部分，保留后半部分，如图 9-28 所示。

图 9-27　取消勾选"复制基准平面"与"复制面组"　　　图 9-28　保留零件后半部分

（48）单击"扫描"按钮，先选取抽壳特征的外边线，再按住<Shift>键，选取其他外边线作为轨迹线，如图 9-29 所示。

（49）在"扫描"操控面板中单击 参考 按钮，在【参数】对话框中，对"截平面控制"选取"垂直于轨迹"选项，"水平/竖直控制"选取"自动"选项，"起点的 X 方向参考"选取"默认"选项，如图 9-30 所示。

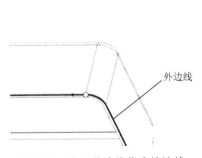

图 9-29　选取外边线作为轨迹线　　　图 9-30　【参数】对话框设置

（50）在"扫描"操控面板中单击"创建或编辑扫描截面"按钮，绘制一个截面，如图 9-31 所示。

（51）单击"确定"按钮，在"扫描"操控面板中单击"切除材料"按钮。

（52）单击"确定"按钮，创建唇特征，如图 9-32 所示。

（53）单击"拉伸"按钮，在"拉伸"操控面板中单击 放置 按钮→ 定义... 按钮。

（54）在模型树中选取 DTM2 基准平面作为草绘平面，以 DTM1 基准平面为参考平面，方向向右。单击 草绘 按钮，切换到草绘模式。

图 9-31　绘制一个截面

唇特征

图 9-32　创建唇特征

（55）单击"草绘视图"按钮🖳，切换到草绘模式。

（56）在草绘模式下绘制两个截面（25mm×5mm），如图 9-33 所示。

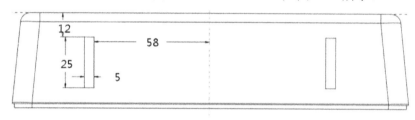

图 9-33　绘制两个截面

（57）在"拉伸"操控面板中选取"拉伸至与指定曲面相交"按钮🖳。

（58）单击"确定"按钮✔️，选取零件的下平面，创建拉伸特征，如图 9-34 所示。

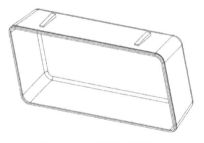

图 9-34　创建拉伸特征

（59）单击"保存"按钮🖫，保存文件。

（60）在工作界面的上方单击"窗口"按钮🗗▾，打开 CLOCK.ASM。

（61）单击"创建"按钮🖳，在【创建元件】对话框中"类型"选取"◉ 零件"选项，"子类型"选取"◉ 实体"选项，把"名称"设为"CLOCK"，单击 确定 按钮。

（62）在【创建选项】对话框中选取"◉ 定位默认基准"单选项和"◉ 对齐坐标系与坐标系"单选项，单击 确定 按钮。

（63）在工作区选取 ASM_DEF_CSYS 坐标系，创建 CLOCK.PRT。此时，CLOCK.PRT 处于激活状态。

（64）单击 获取数据▾ 按钮，选取"合并/继承"命令，在"合并/继承"操控面板中单击 参考 按钮。

（65）在"参考"界面中取消"☑复制基准平面"与"☑复制面组"复选项前面的"√"，参考图 9-27。

（66）在工作区选取所有曲面（骨架模型），再单击"确定"按钮☑，所选取的骨架模型被复制到 CLOCK.PRT 中。

（67）单击"复制几何"按钮🖿，在"复制几何"操控面板中单击"将参考类型设为装配上下文"按钮🖿→"仅限发布几何"按钮🖿（使该按钮为弹起状态）。

（68）选取拉伸曲面，单击"确定"按钮☑，拉伸曲面就被复制到 CLOCK.PRT 中。

（69）在模型树中选择 🖿 CLOCK.PRT，单击鼠标右键，在弹出的快捷菜单中选择"打开"按钮🖿，打开 CLOCK.PRT 零件图。

（70）在模型树中选取拉伸曲面，单击鼠标右键，在弹出的快捷菜单中选取"实体化"按钮🖿，在"实体化"操控面板中选取"切除材料"按钮🖿；再单击"反向"按钮🖿，使箭头朝内。

（71）单击"确定"按钮☑，切除零件后半部分，保留前半部分，如图 9-35 所示。

（72）单击"扫描"按钮🖿，选取抽壳特征的外边线为轨迹线，参考图 9-29。

（73）在"扫描"操控面板中单击 参考 按钮，在【参数】对话框中，对"横截面控制"选取"垂直于轨迹"选项，对"水平/竖直控制"选取"自动"选项，对"起点的 X 方向参考"选取"默认"选项，参考图 9-30。

（74）在"扫描"操控面板中单击"绘制截面"按钮🖿，绘制一个封闭的截面，如图 9-36 所示。

提示：该截面在实体口部的外面。

图 9-35　保留前半部分

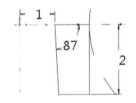

图 9-36　绘制一个封闭截面

（75）单击"确定"按钮☑，在原实体上添加扫描特征，如图 9-37 所示。

（76）选取零件表面所在的平面，如图 9-38 中的阴影曲面所示。

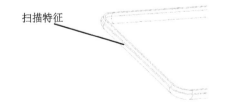

图 9-37　创建扫描特征

图 9-38　选取平面

（77）单击鼠标右键，在弹出的快捷菜单中单击"偏移"按钮，把"距离"设为1mm。单击"反向"按钮，使箭头朝内。

（78）单击"确定"按钮，创建偏移曲面，如图9-39所示。

（79）单击"拉伸"按钮，在"拉伸"操控面板中单击 放置 按钮→ 定义... 按钮。

（80）在模型树中选取DTM3基准平面作为草绘平面，以DTM1基准平面为参考平面，方向向右。单击 草绘 按钮，进入草绘模式。

（81）单击"草绘视图"按钮，切换到草绘视图。

（82）在草绘模式下绘制一个截面（150mm×70mm），如图9-40所示。

图9-39　创建偏移曲面

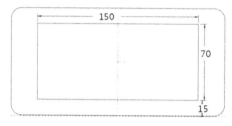

图9-40　绘制一个截面

（83）单击"确定"按钮，在"拉伸"操控面板中单击"曲面"按钮；对"拉伸类型"选取"指定深度"选项，把"深度"设为60mm。

（84）单击"确定"按钮，创建拉伸曲面，如图9-41所示。

（85）单击"保存"按钮，保存文件。

（86）在工作界面的上方单击"窗口"按钮，打开CLOCK.ASM零件图。

（87）单击"创建"按钮，在【创建元件】对话框中对"类型"选取"◉零件"选项，"子类型"选取"◉实体"选项；把"名称"设为"CLOCK_02"，单击 确定 按钮。

（88）在【创建选项】对话框中选取"◉定位默认基准"单选项和"◉对齐坐标系与坐标系"单选项，单击 确定 按钮。

（89）在工作区选取 ASM_DEF_CSYS 坐标系，创建 CLOCK_02.PRT。此时，CLOCK_02.PRT 零件图处于激活状态。

（90）单击 获取数据 按钮，选取"合并/继承"命令，在"合并/继承"操控面板中单击 参考 按钮，在"参考"界面中选取"☑复制面组"复选项。

（91）在模型树中选取 CLOCK.PRT，单击"确定"按钮。

（92）在模型树中选取 CLOCK_02.PRT，单击鼠标右键，在弹出的快捷菜单中单击"打开"按钮，打开 CLOCK_02.PRT 零件图。

（93）按住<Ctrl>键，在工作区选取偏移曲面和拉伸曲面。然后单击鼠标右键，在弹出的快捷菜单中单击"合并"按钮，单击箭头，改变箭头方向，如图9-42所示。

图 9-41 创建拉伸曲面

图 9-42 箭头方向

（94）单击"确定"按钮☑，合并曲面，如图 9-43 所示。

（95）在模型树中选取"合并 1" 🔗合并1，然后单击鼠标右键，在弹出的快捷菜单中单击"实体化"按钮🗂。

（96）在"实体化"操控面板中选取"切除材料"按钮◪，单击"反向"按钮◪，使箭头朝外。

（97）单击"确定"按钮☑，创建镜片特征，如图 9-44 所示。

图 9-43 合并曲面

图 9-44 创建镜片特征

（98）单击"保存"按钮🖫，保存文件。

（99）在工作界面的上方单击"窗口"按钮⛃▾，打开 CLOCK.ASM 零件图。

（100）单击"创建"按钮🗂，在【创建元件】对话框中对"类型"选取"◉零件"选项，"子类型"选取"◉实体"选项；把"名称"设为"CLOCK_03"，单击 确定 按钮。

（101）在【创建选项】对话框中选取"◉定位默认基准"单选项和"◉对齐坐标系与坐标系"单选项，单击 确定 按钮。

（102）在工作区选取 ASM_DEF_CSYS 坐标系，创建 CLOCK_03.PRT。此时，CLOCK_03.PRT 零件图处于激活状态。

（103）单击 获取数据▾ 按钮，选取"合并/继承"命令，在"合并/继承"操控面板中单击 参考 按钮，在"参考"界面中选取"✓复制面组"复选项。

（104）在模型树中选取 🗋 CLOCK.PRT，单击"确定"按钮☑。

（105）在模型树中选取 🗋 CLOCK_03.PRT，单击鼠标右键，在弹出的快捷菜单中单击"打开"按钮🖾，打开 CLOCK_03.PRT 零件图。

（106）按住<Ctrl>键，在工作区选取偏移曲面和拉伸曲面。然后，单击鼠标右键，在弹出的快捷菜单中单击"合并"按钮🗂，工作区显示两个曲面的保留方向，参考图 9-42。

（107）单击"确定"按钮☑，创建合并曲面。

（108）在模型树中选取"合并 1" 🔗合并1，单击"实体化"按钮🗂。

（109）在"实体化"操控面板中单击"切除材料"按钮⬜→"反向"按钮⬜，使箭头朝内。

（110）单击"确定"按钮✓，在实体中间形成一个坑，创建的镜片座如图 9-45 所示。

（111）单击"保存"按钮🖫，保存文件。

（112）在工作界面的上方单击"窗口"按钮🗗▾，打开 CLOCK.ASM。

（113）在模型树中隐藏 🗐 CLOCK_SKEL.PRT 和 🗐 CLOCK.PRT 后，装配图如图 9-46 所示。

图 9-45　创建的镜片座

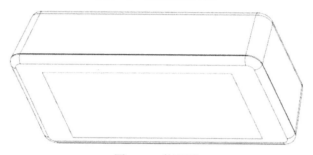

图 9-46　装配图

第10章 装配设计

本章介绍零件的装配设计，详细讲解 Creo 7.0 装配设计、装配组件的编辑、装配爆炸图设计的过程。在学习本章前，请读者先完成下列 4 个零件的结构设计。

（1）底板结构图（见图 10-1）。

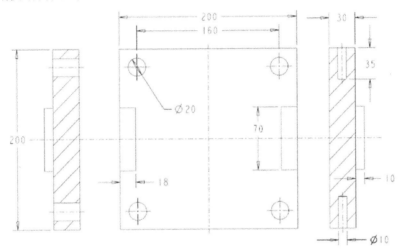

图 10-1　底板结构图

（2）面板结构图（见图 10-2）。

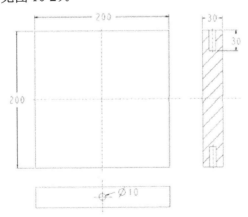

图 10-2　面板结构图

（3）销钉结构图（见图10-3）。

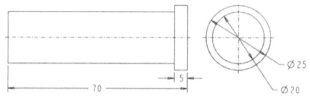

图10-3　销钉结构图

（4）螺杆结构图（见图10-4）。

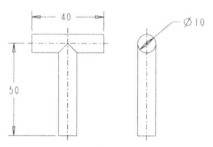

图10-4　螺杆结构图

1. 装配零件

（1）单击"新建"按钮 ，在【新建】对话框中对"类型"选取"◉装配"选项，"子类型"选取"◉设计"选项；把"名称"设为"zhuangpei"，取消"☑使用默认模板"前面的"√"，如图10-5所示。

图10-5　设置【新建】对话框

（2）单击 <u>确定</u> 按钮，在【新文件选项】对话框中选取 "mmns_asm_design"。

（3）再次单击 <u>确定</u> 按钮，进入装配视图。

（4）单击 "组装" 按钮 🗔，选取 DIBAN.PRT；单击 "打开" 按钮 📂，在工作区显示 DIBAN.PRT 零件图，DIBAN 零件的基准平面与装配图基准平面的约束关系如图 10-6 所示。

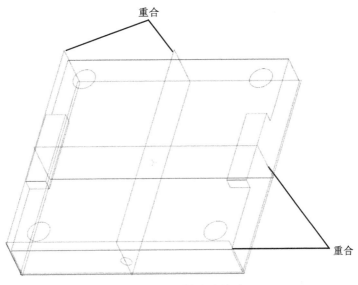

图 10-6　两组基准平面的约束关系

（5）在 "元件放置" 操控面板中单击 <u>放置</u> 按钮，在工作区选取 DIBAN.PRT 的 RIGHT 基准平面与 ZHUANGPEI.ASM 的 RIGHT 基准平面。勾选 "✓约束已启用" 复选项，对 "约束类型" 选取 "重合" 选项，如图 10-7 所示。

图 10-7　设置 "放置" 选项卡

（6）在【放置】对话框中单击 "新建约束" 按钮，设定 DIBAN.PRT 的 FRONT 基准平面与 ZHUANGPEI.ASM 的 FRONT 基准平面重合，DIBAN.PRT 的 TOP 基准平面与 ZHUANGPEI.ASM 的 TOP 基准平面重合。此时，在 "元件放置" 操控面板中显示 "完全约束"。

（7）单击"确定"按钮☑，装配第一个零件，如图 10-8 所示。

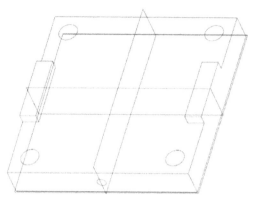

图 10-8　装配第一个零件

（8）单击"组装"按钮▣，选取 MIANBAN.PRT，单击"打开"按钮▣，打开
MIANBAN.PRT 零件图。两个零件的约束关系如图 10-9 所示。

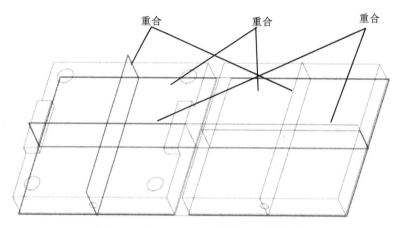

图 10-9　步骤（8）两个零件的约束关系

（9）在"元件放置"操控面板中单击 ▦置 按钮，在工作区选取 DIBAN.PRT 的上表
面与 MIANBAN.PRT 的上表面。勾选"✓约束已启用"复选项，对"约束类型"选取"重
合"选项，单击"反向"按钮。两个零件装配后的位置关系如图 10-10 所示。

图 10-10　两个零件装配后的位置关系

（10）在【放置】对话框中单击"新建约束"按钮，设定 MIANBAN.PRT 的 FRONT 基准平面与 ZHUANGPEI.ASM 的 FRONT 基准平面重合，MIANBAN.PRT 的 RIGHT 基准平面与 ZHUANGPEI.ASM 的 RIGHT 基准平面重合。此时，在"元件放置"操控面板中显示"完全约束"。

（11）单击"确定"按钮☑，装配第二个零件，如图 10-11 所示。

（12）单击"组装"按钮🗐，选取 XIAODING.PRT 作为第三个装配零件，单击"打开"按钮。

（13）在"元件放置"操控面板中单击 放置 按钮，在工作区选取 XIAODING.PRT 的台阶面与 MIANBAN.PRT 的上表面，两者的约束关系如图 10-12 所示。

图 10-11　装配第二个零件　　　　　　图 10-12　两者的约束关系

（14）勾选"☑约束已启用"复选项，对"约束类型"选取"重合"选项，单击"反向"按钮。两个零件的位置关系如图 10-13 所示。

（15）在【放置】对话框中单击"新建约束"按钮，设定 XIAODING.PRT 的中心轴与 DIBAN.PRT 圆孔的中心轴重合。此时，在"元件放置"操控面板中显示"完全约束"。

（16）单击"确定"按钮☑，装配第三个零件。

（17）在模型树中选取 XIAODING.PRT，单击鼠标右键，在弹出的快捷菜单中单击"阵列"按钮▦；在"阵列"操控面板中，对"阵列类型"选取"方向"选项。

（18）对第一方向选取 FRONT 基准平面，把"成员数"设为 2，"间距"设为 160mm。

注意：如果零件图所用的单位是英制，而装配图所用的单位是公制，那么阵列的距离应为 160mm×25.4mm；如果零件图的单位是公制，而装配图所用的单位是英制，那么阵列的距离应为 160/25.4mm。

（19）对第二方向选取 RIGHT 基准平面，把"成员数"设为 2，"间距"设为 160mm。

（20）单击"确定"按钮☑，完成第三个零件的阵列，如图 10-14 所示。

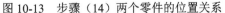

图 10-13　步骤（14）两个零件的位置关系　　　图 10-14　第三个零件的阵列

（21）单击"组装"按钮，选取 LUOGAN.PRT 为第四个装配零件，单击"打开"按钮。

（22）在"元件放置"操控面板中单击 放置 按钮，在工作区选取 LUOGAN.PRT 的端面与 MIANBAN.PRT 的端面，如图 10-15 所示。

（23）勾选"☑约束已启用"复选项，对"约束类型"选取"距离"选项，把"偏移"设为-25mm，单击"反向"按钮。两个零件的位置关系如图 10-16 所示。

图 10-15　选取端面　　　　　　　　图 10-16　步骤（23）两个零件的位置关系

（24）在【放置】对话框中单击"新建约束"按钮，设定 LUOGAN.PRT 的中心轴与 MIANBAN.PRT 两端圆孔的中心轴重合，两个零件的位置关系如图 10-17 所示。

（25）在【放置】对话框中单击"新建约束"按钮，选取 LUOGAN.PRT 的端面与 MIANBAN.PRT 的上表面。然后，对"约束类型"选取"角度偏移"选项，把"偏移"设为 50°。

（26）单击"确定"按钮，装配第四个零件，即图 10-18 中的下层零件。

（27）在模型树中先选取 LUOGAN.PRT，再单击"镜像"按钮，在工作区选取 FRONT 基准平面；单击"确定"按钮，镜像第四个零件，即图 10-18 中的上层零件。

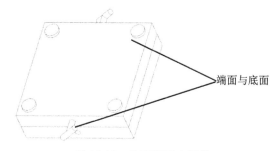

图 10-17　步骤（24）两个零件的位置关系　　　图 10-18　装配第四个零件

2. 修改装配零件

（1）在模型树中选取 DIBAN.PRT，单击鼠标右键，在弹出的快捷菜单中单击"激活"按钮。

（2）再次在模型树中选取 DIBAN.PRT，单击鼠标右键，在弹出的快捷菜单中单击"打开"按钮，打开 DIBAN.PRT 零件图。

（3）单击"拉伸"按钮，在"拉伸"操控面板中单击 放置 按钮，在"草绘"滑动面板中单击 定义… 按钮；选取零件的上表面作为草绘平面，绘制一个截面，如图 10-19 所示。

（4）单击"确定"按钮，在操控面板中选取"不通孔"选项，把"深度"设为 15mm；单击"移除材料"按钮→"反向"按钮，使箭头朝下。

（5）单击"确定"按钮，创建切除特征，如图 10-20 所示。

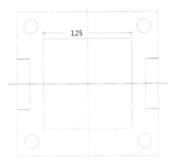

图 10-19　绘制一个截面

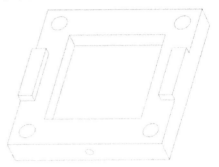

图 10-20　创建切除特征

（6）在工作区的上方单击"窗口"按钮，选取 ZHUANGPEI.ASM。

（7）选取 元件▾ →"元件操作"命令；在"菜单管理器"中选取"布尔运算"命令，在【布尔运算】对话框中对"布尔运算"选取"剪切"选项；选取 MIANBAN.PRT 作为被修改模型，选取 DIBAN.PRT 作为修改元件。【布尔运算】对话框的设置如图 10-21 所示。

（8）在模型树中选取 MIANBAN.PRT，单击鼠标右键，在弹出的快捷菜单中单击"打开"按钮，打开 MIANBAN.PRT 零件。可以看出，MIANBAN.PRT 上有两个小缺口，如图 10-22 所示。

图 10-21　【布尔运算】对话框的设置

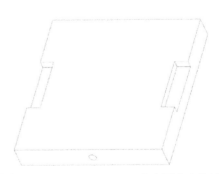

图 10-22　MIANBAN.PRT 上有两个小缺口

（9）在工作区的上方单击"窗口"按钮，选取 ZHUANGPEI.ASM。

（10）选取 元件▼ →"元件操作"命令；在"菜单管理器"中选取"布尔运算"命令，在【布尔运算】对话框中对"布尔运算"选取"合并"命令；选取 MIANBAN.PRT 作为被修改模型，在"修改元件"框中单击 单击此处添加项 字符。按住<Ctrl>键，在工作区选取 4 个 XIAODING.PRT。

（11）在模型树中选取 MIANBAN.PRT，单击鼠标右键，在弹出的快捷菜单中单击"打开"按钮，打开 MIANBAN.PRT。可以看出，4 个 XIAODING.PRT 与 MIANBAN.PRT 结合在一起，如图 10-23 所示。

注意： XIAODING.PRT 与 MIANBAN.PRT 结合在一起后，模型树中的 XIAODING.PRT 依然存在。

（12）在工作区的上方选取"窗口"按钮，选取 ZHUANGPEI.ASM。

（13）在模型树中选取 MIANBAN.PRT，单击鼠标右键，在弹出的快捷菜单中单击"激活"按钮。

（14）单击"拉伸"按钮，在"拉伸"操控面板中单击 放置 按钮，在"草绘"滑动面板中单击 定义... 按钮；把光标移到零件的上表面，单击鼠标右键，在弹出的快捷菜单中选取"从列表中拾取"命令，如图 10-24 所示。

图 10-23 4 个 XIAODING.PRT 与
MIANBAN.PRT 结合在一起

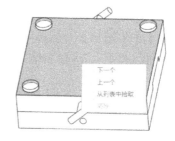

图 10-24 选取"从列表中拾取"命令

（15）在列表框中选取 MIANBAN.PRT 与 DIBAN.PRT 结合处的平面作为草绘平面，如图 10-25 所示的阴影平面。

（16）单击 草绘 按钮，进入草绘模式。

（17）单击"投影"按钮，按住<Ctrl>键，选取 DIBAN.PRT 中间方框的 4 条边线。

（18）单击"确定"按钮，在操控面板中选取"不通孔"选项，把"深度"设为 15mm；单击"移除材料"按钮→"反向"按钮，使箭头朝上。最后，单击"确定"按钮。

（19）在模型树中选取 MIANBAN.PRT，单击鼠标右键，在弹出的快捷菜单中单击"打开"按钮，打开 MIANBAN.PRT。可以看出，在 MIANBAN.PRT 中间创建的切除特征，如图 10-26 所示。

（20）在工作区的上方选取"窗口"按钮，选取 ZHUANGPEI.ASM。

（21）在模型树中选取 MIANBAN.PRT，单击鼠标右键，在弹出的快捷菜单中单击

"激活"按钮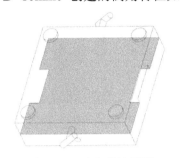。

（22）单击"边倒角"按钮，在"边倒角"操控面板中，对"倒角类型"选取"*D×D*"选项，*D*=10mm。创建的倒角特征如图 10-27 所示。

图 10-25　选取草绘平面

图 10-26　创建的切除特征

（23）用同样的方法，创建 DIBAN.PRT 的倒角特征。

3．分解组件

（1）单击"分解视图"按钮，按系统默认方式分解组件，如图 10-28 所示。

（2）单击"编辑位置"按钮，在"编辑位置"操控面板中单击"平移"按钮。

（3）单击 参考 按钮，选取 MIANBAN.PRT 作为"要移动的元件"；在"移动参考"文本框中单击 单击此处添加项 字符，选取 MIANBAN.PRT 的表面。

（4）单击 选项 按钮，把"运动增量"设为 100mm（指移动时，每步移动 100mm。若把"运动增量"设为 0，则可以连续移动零件）。

（5）选取坐标系的一个箭头，即可移动零件。

（6）单击"分解视图"按钮（使该按钮处于弹起状态），则分解的零件图将会还原。

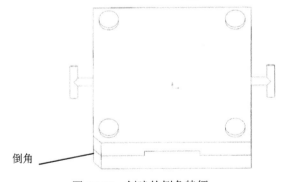

倒角

图 10-27　创建的倒角特征

图 10-28　按系统默认方式分解组件

第 11 章　工程图设计

本章以第 10 章的装配图为例，详细介绍在 Creo 7.0 中工程图图框的创建、工程图模板的创建、视图的创建、编辑视图、尺寸标注/注释的方法，以及装配明细表的创建等。

1. 创建工程图图框

（1）单击"新建"按钮，在【新建】对话框中选取"◉ 格式"选项，把"文件名"设为"frm001"。

（2）单击 确定 按钮，在【新格式】对话框中选取"◉空"选项，对"方向"选取"横向"选项，对"标准大小"选取"A3"选项，如图 11-1 所示。

（3）单击 确定(0) 按钮，进入工程图图框界面。

（4）在横向菜单中选取"草绘"选项卡，单击"边"按钮旁边的"▼"符号；单击"偏移边"按钮，在"菜单管理器"中选取"链图元"选项，如图 11-2 所示。

图 11-1　【新格式】对话框设置　　　　　　图 11-2　选取"链图元"选项

（5）按住<Ctrl>键，用光标选取工程图图框的 4 条边，单击 确定 按钮，或者按鼠标中键，或者按<Enter>键，在文本框中输入"3"，如图 11-3 所示。

图 11-3　在文本框中输入"3"

（6）单击"确认"按钮☑，或者按鼠标中键，或者按<Enter>键，将工程图图框往外偏移 3mm，如图 11-4 所示。

图 11-4　创建工程图图框

2．创建工程图标题栏

（1）在横向菜单栏中先选取"表"选项卡，再单击"表"按钮　，选取"插入表"命令。

（2）在【插入表】对话框中，单击"表的增长方向：向左且向上"按钮　，把"列数"设为 2，"行数"设为 3，"高度"设为 5mm，"宽度"设为 55mm，如图 11-5 所示。

（3）单击"确定"按钮☑，在【选择点】对话框中单击　按钮，如图 11-6 所示。

图 11-5　设置【插入表】对话框

图 11-6　设置【选择点】对话框

（4）选取工程图图框右下角的顶点，创建第一个表格（2 列×3 行），即表格 1，如图 11-7 所示。

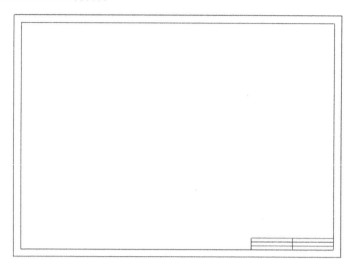

图 11-7 创建表格 1

（5）按住<Ctrl>键，先选取表格左下方的单元格，再选取右下方的单元格，然后单击 合并单元格 按钮，将两个单元格合并成一个单元格，如图 11-8 所示。

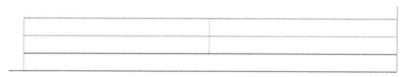

图 11-8 合并单元格

（6）先用鼠标左键选取合并后的单元格，再按鼠标右键，在弹出的快捷菜单中选取"高度和宽度"命令。在【高度和宽度】对话框中，取消"☑自动高度调节"复选项前面的"√"，把"高度"设为 15mm，如图 11-9 所示。

（7）单击 确定 按钮，把单元格高度调整为 15mm，如图 11-10 所示。

图 11-9 设置【高度和宽度】对话框

图 11-10 调整单元格高度

（8）在横向菜单栏中先选取"表"选项卡，再单击"表"按钮 ，选取"插入表"命令。

（9）在【插入表】对话框中选取"表的增长方向：向左且向上"按钮 ，把"列数"设为 4，"行数"设为 5，"高度"设为 5mm，"宽度"设为 10mm。

（10）单击"确定"按钮 ，在【选择点】对话框中单击 按钮，参考图 11-6。

（11）选取工程图图框右下角的顶点，创建第二个表格（4 列×5 行），即表格 2。把"宽度"设为 10 mm，"高度"设为 5 mm，使表格 1 和表格 2 重叠，如图 11-11 所示。

（12）在模型树中展开" 表"，选取 表 2，在快捷菜单中单击 移动特殊 按钮，在工作区空白处按鼠标中键；在【移动特殊】对话框中单击"相对偏移"按钮，设置 X 轴方向上的偏移量为 0，Y 轴方向上的偏移量为 25mm，如图 11-12 所示。

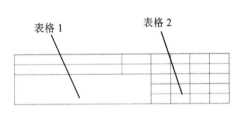

图 11-11　表格 1 和表格 2 重叠

图 11-12　设置【移动特殊】对话框

（13）单击 确定 按钮，表格 2 移动后的位置如图 11-13 所示。

（14）把光标移到表格 2 左上角的单元格中，单击鼠标右键，在弹出的快捷菜单中选取"从列表中拾取"命令，如图 11-14 所示。

图 11-13　表格 2 移动后的位置

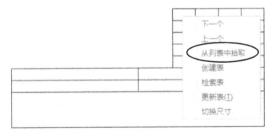

图 11-14　选取"从列表中拾取"命令

（15）在【从列表中拾取】对话框中选取"列：表"命令，如图 11-15 所示。

（16）再次把光标移到表格 2 左上角的单元格中，单击鼠标右键，在弹出的快捷菜单中选取"宽度"命令，如图 11-16 所示。

（17）在【高度和宽度】对话框中输入列的宽度 8mm，如图 11-17 所示。

（18）采用同样的方法，调整表格 2 的列宽与行高，从左至右，列宽分别设为 8 mm、9.5 mm、31 mm、10 mm；从上至下，行高分别设为 9.5 mm、5 mm、5 mm、5 mm、5 mm，如图 11-18 所示。

图 11-15　选取"列：表"命令

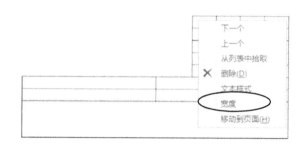

图 11-16　选取"宽度"命令

图 11-17　输入列的宽度

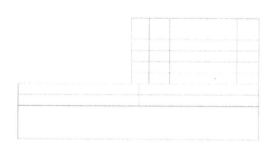

图 11-18　调整表格 2 的列宽与行高

（19）采用同样的方法，创建第三个表格（6 列×4 行），即表格 3。把"宽度"设为 10mm，"高度"设为 5mm，使表格 3 与表格 1 重叠，如图 11-19 所示。

（20）在模型树中选取 表 3，再在快捷菜单中单击 移动特殊 按钮，在工作区中空白处按鼠标中键，在【移动特殊】对话框中单击"相对偏移"按钮，设置 X 轴方向上的偏移量为-58.5mm，Y 轴方向上的偏移量为 25mm，如图 11-20 所示。

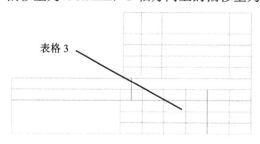

图 11-19　表格 3 与表格 1 重叠

图 11-20　设置【移动特殊】对话框

（21）单击　确定　按钮，表格 3 移动后的位置如图 11-21 所示。

（22）表格 3 的列宽从左至右分别设为 6mm、6mm、6mm、6mm、13.75mm、13.75mm，行高从上至下分别设为 12.5mm、5mm、6mm、6mm，如图 11-21 所示。

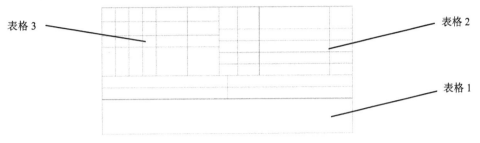

图 11-21　表格（三）移动后的位置

（23）采用同样的方法，创建第四个表格（3 列×6 行），即表格 4。从左至右，把表格列宽设为 15mm、25mm、25mm；从上至下，把行高设为 19.5mm、7mm、7mm、7mm、7mm、7mm。

（24）在模型树中选取 表 4，单击鼠标右键，在弹出的快捷菜单中单击 移动特殊 按钮，在工作区空白处按鼠标中键；在【移动特殊】对话框中单击"相对偏移"按钮，设置 X 轴方向上的偏移量为-110mm，Y 轴方向上的偏移量为 0，表格 4 移动后的位置如图 11-22 所示。

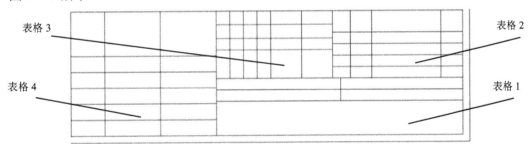

图 11-22　表格 4 移动后的位置

（25）按住<Ctrl>键，选取单元格 1 和单元格 2，如图 11-23 所示。

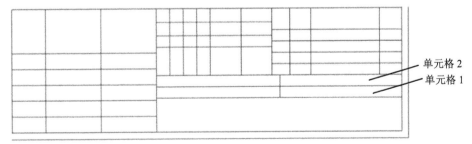

图 11-23　选取单元格 1 和单元格 2

（26）单击鼠标右键，在弹出的快捷菜单中单击"合并单元格"按钮，合并所选单元格，如图 11-24 所示。

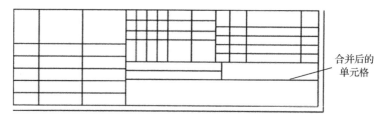

图 11-24　合并所选单元格

（27）采用同样的方法，合并其他单元格，如图 11-25 所示。

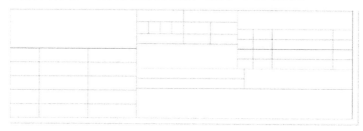

图 11-25　合并其他单元格

3．在表格中添加文本

（1）更改默认文本的高度。在菜单栏中选取"文件"→"准备（R）"→"绘图属性"命令，在【格式属性】对话框中单击"更改"按钮，把"text_height"的值设为 8mm，如图 11-26 所示。设置完毕，按<Enter>键，再单击　确定　按钮。

图 11-26　更改文本的高度

（2）双击右下方的单元格，输入"长江机械制造有限公司"，如图 11-27 所示。

注意：如果文本的高度没有设置成功，将会导致输入的文本字号太小，需放大后才能看到文本。

图 11-27　在文本框中输入文字

（3）先用鼠标左键选取右下方的单元格，出现 8 个空白小方点后，再将光标移到"长江机械制造有限公司"上面，单击鼠标右键，在弹出的快捷菜单中选取"文本样式"命令。

（4）在【文本样式】对话框中，把"高度"设为 8mm，对"水平"选择"中心"选项，对"竖直"选择"中间"选项，如图 11-28 所示。

图 11-28　设置【文本样式】对话框参数

（5）调整文本的对齐方式，如图 11-29 所示。

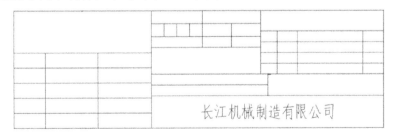

图 11-29　调整文本的对齐方式

（6）采用相同的方法，在工程图图框中输入其他文本，如图11-30所示。

图11-30　在工程图图框中输入其他文本

4．添加注释文本

（1）在横向菜单中选取"注释"选项卡→"注解"命令，如图11-31所示。

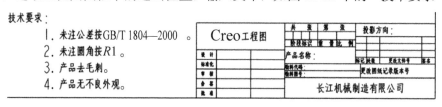

图11-31　选取"注释"选项卡和"注解"命令

（2）选取工程图图框中的适当位置，输入文本，如图11-32中的"技术要求"所示。

图11-32　输入文本

（3）选取步骤（2）创建的文本，单击鼠标右键，在弹出的快捷菜单中选取"chfntf"字体，把字高设为6mm，如图11-33所示。

图11-33　选取"chfntf"字体，把字高设为6mm

（4）在菜单栏中选取"文件"→"保存"命令或单击"保存" 按钮，保存文档。

5．创建工程图模板

（1）单击"新建"按钮 ，在【新建】对话框中选取" 绘图"选项，把"名称"设为"drw01"，勾选" 使用默认模板"复选项，如图11-34所示。

（2）单击 确定 按钮，在【新建绘图】对话框中对"指定模板"选取"◉ 格式为空"单选项；在"格式"选项中单击"浏览"按钮，在"打开"对话框的右边单击"工件目录"按钮，选取前面创建的工程图图框"frm0001.frm"，如图 11-35 所示。

图 11-34　设置【新建】对话框　　　　　图 11-35　设置【新建绘图】对话框

（3）单击 确定(0) 按钮，进入工程图界面。

（4）单击"工具"→"模板"按钮 ，如图 11-36 所示。

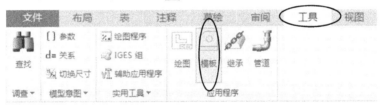

图 11-36　单击"工具"→"模板"按钮

（5）单击"布局"→"模板视图"按钮 ，如图 11-37 所示。

图 11-37　单击"布局"→"模板视图"按钮

（6）在【模板视图指令】对话框中，把"名称"设为"FRONT"，在"类型"下拉列表中选择"常规"选项，把"方向"设为"FRONT"，如图 11-38 所示。

（7）单击 放置视图... 按钮，在工程图图框中选取任一位置，创建第一个视图，如图 11-39 所示。创建完毕，单击 确定 按钮。

（8）单击"模板视图"按钮 ，在【模板视图指令】对话框中把"名称"设为"左视图"，对"类型"选取"投影"选项，"投影父项名称"选取"FRONT"选项，如图 11-40 所示。

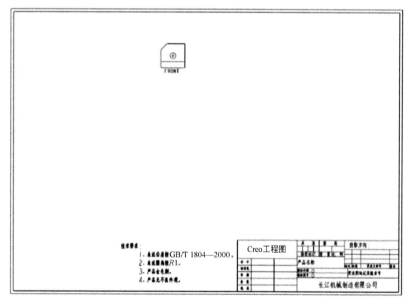

图 11-38　设置【模板视图指令】对话框

图 11-39　创建第一个视图

图 11-40　【模板视图指令】对话框设置

（9）单击 放置视图... 按钮，在工程图图框中 FRONT 视图的右侧选取适当位置，单击 确定 按钮，创建左视图。

（10）在工作区双击左视图，在【模板视图指令】对话框中单击 移动符号 按钮，可以拖动左视图到适当位置。

（11）按上述方法，创建俯视图。

（12）创建剖视图。单击"模板视图"按钮 ，在【模板视图指令】对话框中把"名称"设为"剖面 A"，对"类型"选取"投影"选项，"投影父项名称"选取"FRONT"选项。在"横截面"文本框中输入"A"，对"箭头放置视图"选取"俯视图"选项，勾选"☑显示 3D 横截面剖面线"复选项，单击 放置视图... 按钮。在 FRONT 视图的左侧选取适当位置，单击【模板视图指令】对话框中的 确定 按钮，创建剖视图。

（13）创建 3D 视图。单击"模板视图"按钮 ，在【模板视图指令】对话框中把"名称"设为"3D"，对"类型"选取"常规"选项。在"方向"本文框中输入"3D"，单击 放置视图... 按钮，在工程图图框中选取适当位置，单击【模板视图指令】对话框中的 确定 按钮，创建 3D 视图。创建的左视图、俯视图、剖视图和 3D 视图如图 11-41 所示。

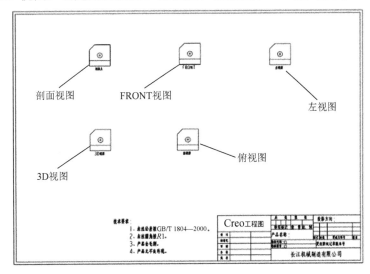

图 11-41　创建的左视图、俯视图、剖视图和 3D 视图

（14）单击 按钮，保存文档，以便把这些视图模板作为以后创建工程图的模板。

6. 按自定义模板创建工程图

（1）单击"新建"按钮 ，在【新建】对话框中选取"◉ 绘图"选项，把名称设为
"drw02"，取消" ✓ 使用默认模板"复选项前面的"√"。

（2）单击"确定"按钮，在【新建绘图】对话框中，对"默认模型"选取在第4章
建立的"zhichengzhu"，对"指定模板"选取"◉ 使用模板"选项，在"模板"选项中
单击 浏览... 按钮，选取工程图模板"drw01.drw"，如图11-42所示。

（3）单击 确定(O) 按钮，自动创建工程图。其中剖视图与3D视图没有创建成功，这
是因为在"zhichengzhu"的模型中没有创建剖视图与3D视图，如图11-43所示。

图11-42 【新建绘图】对话框设置

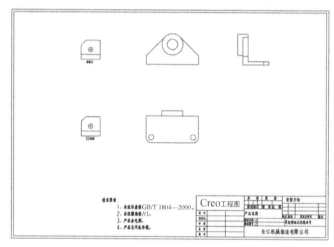

图11-43 自动创建工程图

（4）在工作界面的左上方单击"关闭"按钮 （不是右上角的"关闭"按钮 ），
不保存文件，退出界面。

（5）单击"拭除未显示的"按钮，在【拭除未显示的】对话框中单击 确定 按钮，
将所有内容从内存中全部拭除。

（6）单击"打开"按钮 ，打开在第4章建立的"zhichengzhu.prt"。

（7）单击鼠标右键，在弹出的快捷菜单中单击"标准方向"按钮 （或按住<Ctrl+D>
组合键），切换视图方向。

（8）在横向菜单中选取"视图"选项卡，单击"已保存方向"按钮，再选取"重
定向"命令，如图11-44所示。

（9）在【视图】对话框中，把"视图名称"设为"3D"，再单击"视图名称"对应
的"保存"按钮 ，如图11-45所示。最后，单击 确定 按钮。

图 11-44　选取"重定向"命令

图 11-45　把"视图名称"设为"3D"

（10）单击"截面"下方的下三角形按钮▼，选取 平面 命令，如图 11-46 所示。

（11）在模型树中选取"RIGHT"基准平面，在操控面板中单击"预览而不修剪"按钮 ；选取 属性 按钮，在"名称"文本框中输入"A"，如图 11-47 所示。

图 11-46　选取"平面"命令

图 11-47　设置截面操控面板参数

（12）单击"确定"按钮✓→保存🖫按钮，保存文档。

（13）单击"新建"按钮🗋，在【新建】对话框中选取"◉ 🖭绘图"选项，把名称设为"drw02"，取消"☑使用默认模板"复选项前面的"√"。

（14）单击"确定"按钮，在【新建绘图】对话框中，对"默认模型"选取在第4章建立的"zhichengzhu"。对"指定模板"选取"◉ 使用模板"选项，在"模板"选项中单击 浏览... 按钮，选取工程图模板"drw01.drw"，如图 11-42 所示。

（15）单击 确定(O) 按钮，按模板创建工程图。其中，剖视图与 3D 视图创建成功，如图 11-48 所示。

（16）标注适当的尺寸，即可得到工程图（尺寸标注的方法将在后面详细讲解）。

7.　按默认模板创建工程图

（1）单击"新建"按钮🗋，在【新建】对话框中选取"◉ 🖭绘图"选项，把名称设为"drw03"，取消"☑使用默认模板"复选项前面的"√"。

（2）单击"确定"按钮，在【新建绘图】对话框中，对"默认模型"选取在第 10 章建立的"zhuangpei.asm"。在"指定模板"中选取"格式为空"选项，在"格式"选项中选取在第 11 章创建的模板图框"frm0001.frm"，如图 11-49 所示。设置完毕，单击 确定(O) 按钮，进入工程图界面。

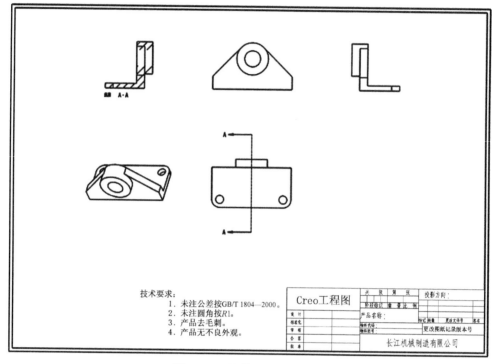

图 11-48　按模板创建工程图

图 11-49　设置【新建绘图】对话框

8. 更改工程图视角

单击"文件"→"准备"→"绘图属性"命令，在"绘图属性"对话框的"详细信息选项"栏中，单击"更改"按钮，把"projection_type"更改为"first_angle"，如图 11-50 所示。

注意：我国通常使用第一视角绘制工程图，英、美等国家通常使用第三视角绘制工程图。

图 11-50　将 projection_type 更改为 first_angle

9.　创建主视图

单击鼠标右键，在弹出的快捷菜单中单击"普通视图"按钮，选取"无组合状态"后，单击"确定"按钮。在工程图图框中选取适当位置，在【绘图视图】对话框中对"模型视图名"选取"TOP"选项，如图 11-51 所示。单击"确定"按钮，创建 TOP 视图，即创建主视图。

图 11-51　创建主视图

10. 移动视图

在模型树中选取 ◻ new_view_1，单击鼠标右键，在弹出的快捷菜单中选取"锁定视图移动" ◻ 锁定视图移动 命令，使 ◻ 按钮呈弹起状态。然后，移动视图至合适的位置。

11. 创建旋转视图

双击步骤9创建的视图，选取对话框的"视图方向"选项栏的"◉ 角度"选项，在"角度值"输入栏中输入90°；单击"确定"按钮，视图旋转90°。

12. 创建左投影视图与俯视图

单击鼠标右键，在弹出的快捷菜单中单击 ◻ 投影视图 按钮，选取主视图作为父视图。在主视图的右侧和下方，分别创建左投影视图与俯视图，如图11-52所示。

13. 创建局部放大图

（1）在快捷菜单中单击 ◻ 局部放大图 按钮，在俯视图上选取线段 *AB* 的中点，并在 *AB* 的中点周围任意选取若干点；按鼠标中键，绘制一条封闭的曲线，系统自动将曲线转换为圆，如图11-53所示。然后，选取适当的位置，创建局部放大视图。

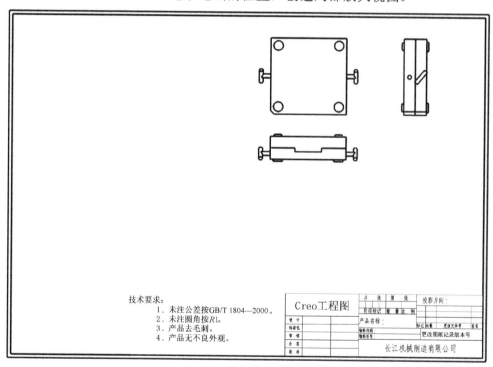

图 11-52　创建左投影视图与俯视图

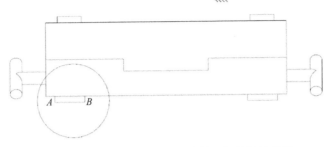

图 11-53　选取 AB 的中点，绘制一条封闭的曲线

（2）双击局部放大视图，在【绘图视图】对话框中对"类别"选项选取"视图类型"选项，把"视图名称"设为 A。选取"比例"选项，把"◉ 自定义比例"设为 2。

（3）单击"确定"按钮，创建局部放大视图，局部放大视图被放大 2 倍。

14．创建辅助视图

（1）单击鼠标右键，在弹出的快捷菜单中单击 ◇ 辅助视图 按钮，在主视图上选取倒斜角的边作为辅助视图的基准边。

（2）在直线边的垂直方向出现一个方框，在方框中选取适当位置，创建辅助视图，如图 11-54 所示。

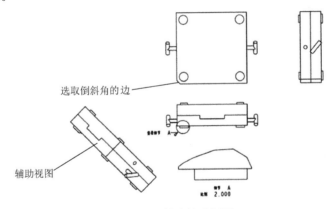

图 11-54　创建辅助视图

15．插入并对齐视图

（1）单击 ◻◻ 复制并对齐视图 按钮，在工作区的左下方出现提示："选取一个要与之对齐的部分视图"。

（2）选取前面创建的局部放大视图，在工作区的左下方出现提示："选取绘制视图的中心点"。

（3）在工程图图框中选取任一点，按局部放大视图的比例显示俯视图。

（4）在放大的俯视图左上角凸出部分的横线 AB 上选取中点，如图 11-55 所示。

（5）在中点周围任意选取若干点，按鼠标中键确认，系统重新创建一个局部放大视图，放大的比例与原视图相同。

（6）在放大的俯视图中选取直线 *CD* 边作为对齐边。

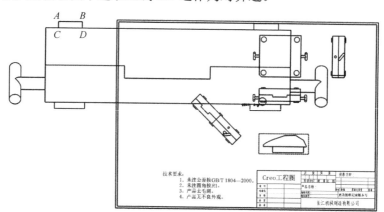

图 11-55　选取直线 *AB* 的中点作为局部放大视图的中点

（7）创建一个新的局部放大视图，如图 11-56 所示。新的局部放大视图与原视图存在父子关系。

（8）在模型树中选取 A 视图，单击鼠标右键，在弹出的快捷菜单中单击 锁定视图移动 按钮，使 按钮呈弹起状态。

（9）在工程图图框中移动局部放大视图 A，把图 11-56 中新创建的视图与视图 A 同时移动。

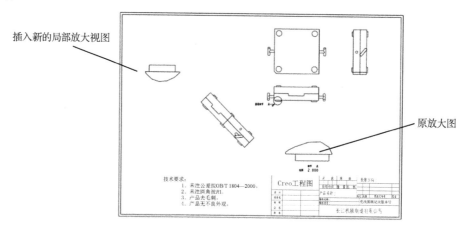

图 11-56　创建新的局部放大视图

16．创建半视图

创建半视图就是拭去全视图的一部分，只显示视图的一部分。

（1）把光标移到左视图上，单击鼠标右键，在弹出的快捷菜单中单击"从列表中拾取"命令，在【从列表中拾取】对话框中选取"视图：左侧 2"。

（2）把光标移到左视图上，单击鼠标右键，在弹出的快捷菜单中单击"属性"按钮，在【绘图视图】对话框中对"类别"选取"可见区域"选项，对"视图可见性"选取"半视图"选项，对"半视图参考平面"选取 FRONT 平面（在工作区选取 FRONT 基准平面），对"对称线标准"选取"对称线"选项，如图 11-57 所示。

（3）单击　确定　按钮，创建半视图，如图 11-58 所示。

图 11-57　设置【绘图视图】对话框　　　　　　　图 11-58　创建半视图

17. 创建局部视图

创建局部视图就是显示草绘区域内的视图，并拭去草绘区域外的部分。

（1）双击辅助视图，在【绘图视图】对话框中对"类别"选取"可见区域"选项，对"视图可见性"选取"局部视图"，在辅助视图中选取点 *C*，如图 11-59 所示。

（2）在点 *C* 周围任一位置选取若干点，按鼠标中键，把各点连成一条封闭的曲线；单击　确定　按钮，创建局部视图，如图 11-60 所示。

图 11-59　选取点 *C*　　　　　　　图 11-60　创建局部视图

18. 创建破断视图

拭去两个选定点之间的视图，并将剩余的视图合拢在一定距离内，这就是破断视图。

（1）重新创建一个俯视图，并双击刚才创建的俯视图，在【绘图视图】对话框中，对"类别"选取"可见区域"选项，对"视图可见性"选取"破断视图"选项。

（2）在【绘图视图】对话框中单击"添加断点"按钮 ，在俯视图上先选取任一点，绘制第一条竖直破断线。在【绘图视图】对话框中单击"第二破断线"的 单击此处添加项 ，绘制第二条竖直破断线，如图 11-61 所示。

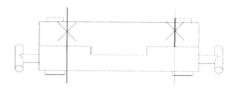

图 11-61　绘制两条竖直破断线

（3）在"破断线样式"列表框中选取"几何上的 S 曲线"选项，如图 11-62 所示。

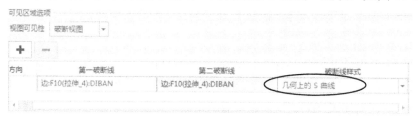

图 11-62　设置"破断线样式"列表框

（4）单击【绘图视图】对话框的"确定"按钮，生成的"S"形破断视图如图 11-63 所示。

注意：为了方便后面的教学，请读者删除破断视图，恢复创建破断视图前的情形。

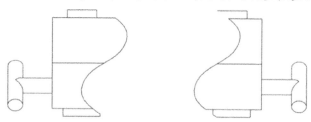

图 11-63　创建的"S"形破断视图

19. 创建单一 2D 剖视图：沿直线创建的剖视图

（1）重新创建一个左视图，并双击前面创建的左视图。在【绘图视图】对话框中对"类别"选取"截面"选项，在"截面选项"栏中选取"◉ 2D 横截面"选项，如图 11-64 所示。

（2）单击 ➕ 按钮，在弹出的"横截面创建"菜单管理器中，选取"平面→单一→完成"命令，如图 11-65 所示。

（3）在文本框中输入截面名称：A，如图 11-66 所示。

（4）单击"确定"按钮☑，或者按<Enter>键，或者按鼠标中键，弹出"设置平面"菜单管理器。

（5）在横向菜单中单击"视图"→"平面显示"按钮，在工作区显示基准平面，在主视图上选取 FRONT 基准平面作为参考基准平面（如果在主视图上选不了，可以在模型树中选取），如图 11-67 所示。

（6）单击"确定"按钮，创建的 2D 剖面如图 11-68 所示。

图 11-64　设置【绘图视图】对话框

图 11-65　设置"横截面创建"
菜单管理器

图 11-66　输入截面名称 A

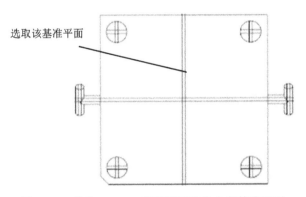

图 11-67　选取 FRONT 基准平面作为参考基准平面

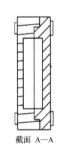

图 11-68　创建的 2D 剖面

20. 创建偏距 2D 剖视图：沿折线创建的剖视图

（1）按照如图 11-51 所示的设置，在工程图图框中增加右视图，如图 11-69 所示。

（2）双击步骤（1）创建的视图，在【绘图视图】对话框中对"类别"选取"截面"选项；在"截面选项"栏中选取"◉ 2D 横截面"选项，参考图 11-64。

（3）单击 ➕ 按钮，选取"新建..."选项，如图 11-70 所示。

（4）在"横截面创建"菜单管理器上选取"偏移"→"单侧"→"单一"→"完成"命令，如图 11-71 所示。

（5）在文本框中输入截面名称：B。

（6）单击"确定"按钮☑️，或者按<Enter>键，或者按鼠标中键，在"设置草绘平面"菜单管理器中选取"新设置"→"平面"命令，如图 11-72 所示。

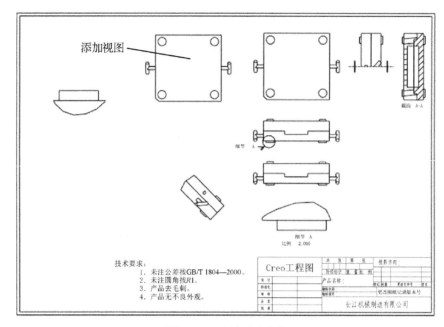

图 11-69　添加右视图

图 11-70　选取"新建…"选项

图 11-71　设置"横截面创建"
菜单管理器

（7）将当前窗口拖到一边，在主窗口中选取"视图"选项卡，单击"平面显示"按钮
，显示基准平面。

（8）在活动窗口上选取 RIGHT 基准平面作为草绘平面，如图 11-73 所示。

（9）在"设置草绘平面"菜单管理器中选取"确定"→"默认"选项，系统弹出一
个活动窗口。

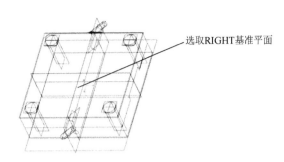

图 11-72　设置"设置草绘平面"菜单管理器　　　图 11-73　选取 RIGHT 基准平面作为草绘平面

（10）在活动窗口中选取"视图"→"方向"→"草绘方向"命令，切换视角。

（11）在主窗口中选取"视图"选项卡，单击"平面显示"按钮，使画面显示弹起状态。隐藏基准平面，目的是保持桌面整洁。

（12）在活动窗口中选取"草绘"→"线"→"线"命令，绘制剖面位置线，如图 11-74 所示。

（13）在活动窗口中选取"草绘"→"完成"，在【绘图视图】对话框中单击"应用"按钮，创建偏距 2D 剖视图，如图 11-75 所示。

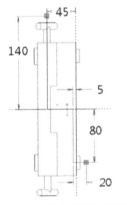

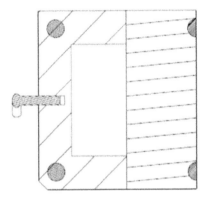

图 11-74　绘制剖面位置线　　　　　　图 11-75　创建偏距 2D 剖视图

21. 创建截面视图箭头

（1）双击截面 A—A，在【绘图视图】对话框的"类别"列表框中选取"截面"选项，选择"◉ 2D 横截面"→"◉ 总计"选项。选择完毕，单击"箭头显示"栏的空白处，如图 11-76 所示。

（2）单击父视图（此处是主视图），单击【绘图视图】对话框中的"确定"按钮，在父视图中显示剖面位置箭头，如图 11-77 所示（按住箭头或字符"A"，可调整剖面位置）。

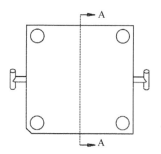

图 11-76　单击"箭头显示"栏空白处　　　　　图 11-77　显示剖面位置箭头

22. 创建区域截面视图

（1）在【绘图视图】对话框的"模型边可见性"选项中选择"⊙ 2D 横截面"，选取
"⊙ 区域"选项，如图 11-78 所示。

（2）单击"应用"按钮，只显示截面部分的线条，如图 11-79 所示。

23. 创建半剖视图

（1）双击截面 A—A，在【绘图视图】对话框的"类别"列表框中选取"截面"→
"⊙ 2D 横截面"；对"模型边可见性"选择"⊙ 总计"，"剖切区域"选取"半倍"选项，
如图 11-80 所示。

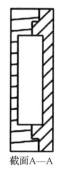

截面A—A

图 11-78　选取"⊙ 区域"选项　　　　　　图 11-79　只显示截面部分线条

（2）单击鼠标右键，在弹出的快捷菜单中，单击"平面显示"按钮，显示所有基
准平面。

（3）把光标移到主视图的 RIGHT 基准平面上，如图 11-81 所示。单击鼠标右键，在
弹出的快捷菜单中选取"从列表中拾取"命令。

图 11-80　选取"半倍"选项

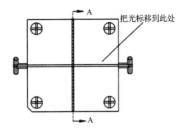

图 11-81　把光标移到 RIGHT 附近

（4）在列表框中选取 ASM_RIGHT：F1（基准平面），如图 11-82 所示。然后，选取 A—A 截面的上半部分。

（5）单击【绘图视图】对话框的"确定"按钮，创建的半剖视图如图 11-83 所示。

图 11-82　选取 ASM_RIGHT：F1

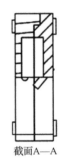

截面A—A

图 11-83　半剖视图

24.　创建局部剖视图

（1）双击俯视图，在【绘图视图】对话框的"类别"列表框中选取"截面"→"◉ 2D 横截面"选项，对"模型边可见性"选择"◉ 总计"。

（2）单击 ➕ 按钮，选取"新建…"选项，在"横截面创建"菜单管理器中单击"平面"→"单一"→"完成"按钮，在文本框中输入截面名称：C。

（3）把光标移到主视图的 RIGHT 基准平面上，单击鼠标右键，在弹出的快捷菜单中选取"从列表中拾取"命令，在列表框中选取 ASM_RIGHT:F1（基准平面）。

（4）在"剖切区域"中选取"局部"选项，在俯视图的右侧选取点 A，如图 11-84 所示，并在点 A 周围再选取几个点。

（5）单击【绘图视图】对话框的"确定"按钮，创建局部剖视图，如图 11-85 所示。

图 11-84　选取 A 点

图 11-85　创建的局部剖视图

25. 创建旋转剖视图

（1）在菜单栏中单击 旋转视图 按钮，选取主视图作为父视图。

（2）在主视图的左边选取任一位置，系统自动创建一个临时剖视图。

（3）在【绘图视图】对话框中选取"新建…"选项，如图11-86所示。

图11-86　选取"新建…"选项

（4）在"横截面创建"菜单管理器中单击"平面→单一→完成"按钮。

（5）在文本框中输入截面名称：E。

（6）把光标移到旋转剖视图上，选取"ASM_RIGHT:F1（基准平面）"，如图11-87所示。

（7）创建一个新的旋转剖视图，单击"平面显示"按钮，使"平面显示"按钮呈弹起状态，隐藏基准平面，创建的旋转剖视图如图11-88所示。

（8）在模型树中选取旋转剖视图，单击鼠标右键，在弹出的快捷菜单中，选取 锁定视图移动命令，使按钮 呈弹起状态后，可将旋转剖视图拖到适当的位置。

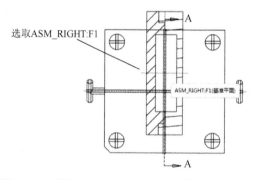

图11-87　选取"ASM_RIGHT:F1（基准平面）"

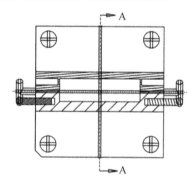

图11-88　创建的旋转剖视图

26. 视图显示

（1）双击俯视图，在【绘图视图】对话框的"类别"列表框中选取"视图显示"选项，对"显示样式"选取"隐藏线"选项，如图11-89所示。

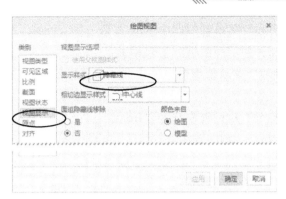

图 11-89　选取"隐藏线"选项

（2）单击"确定"按钮，在俯视图中显示隐藏线，如图 11-90 所示。

图 11-90　显示隐藏线

27.　修改剖面线

（1）双击左视图中的半剖视图的剖面线，在"修改剖面线"菜单管理器中先选取"检索"，再选取 custom_patterns.pat，单击"打开"按钮。

（2）在【剖面线图案】对话框中选择"Plastic"，如图 11-91 所示。

（3）单击　确定　按钮，修改后的剖面线如图 11-92 所示。

（4）在"修改剖面线"菜单管理器中先选取"比例"选项，再选择"半倍"选项，剖面线显示比例变为原来的一半，如图 11-93 右边的剖面线所示。

图 11-91　选取 Plastic

图 11-92　修改后的
剖面线

图 11-93　修改显示
比例和形状后的剖面线

（5）在"修改剖面线"菜单管理器中选取"下一个"命令，选取左视图的左半部分的剖面线（此时左半部分的剖面线被红色包围）。

（6）在"修改剖面线"菜单管理器中先选取"检索"，再选取  custom_patterns.pat，单击"打开"命令。

（7）在【剖面线图案】对话框中选择"Iron"。

（8）单击 确定 按钮，剖面线修改后的形状如图 11-93 左边的剖面线所示。

28. 创建中心线

（1）打开 zhuangpei.asm.prt。

（2）单击"基准轴"按钮 / ，按住<Ctrl>键，选取 RIGHT 基准平面与 TOP 基准平面。

（3）单击 确定 按钮，通过 RIGHT 基准平面与 TOP 基准平面的交线创建一条基准轴。

（4）采用相同的方法，通过 FRONT 基准平面与 TOP 基准平面的交线创建另一条基准轴，如图 11-94 所示。

（5）在屏幕上方单击"窗口"按钮 ，选择"drw03.drw"，打开工程图。

（6）在横向菜单中选取"注释"选项卡，再单击"显示模型注释"按钮 。

（7）在【显示模型注释】对话框中选取"显示模型基准"按钮 ，在工作区选取等角视图。然后，在【显示模型注释】对话框中勾选基准轴，如图 11-95 所示。

（8）单击 确定 按钮，在工程图上创建中心线，如图 11-96 所示。

（9）双击圆弧的"十"字形中心线，拖动中心线的控制点，可以将中心线的长度延长或缩短。

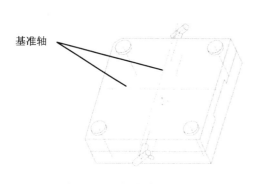

图 11-94　创建基准轴

图 11-95　【显示模型注释】对话框设置

29. 直线尺寸标注

（1）单击"标注尺寸"按钮 ，选取第一点；按住<Ctrl>键，再选取第二点；在尺寸位置按鼠标中键，即可创建标注，如图 11-97 中尺寸为 200mm 的标注。

（2）单击"标注尺寸"按钮，选取第一个圆的中心线；按住<Ctrl>键，再选第二个圆的中心线；在尺寸位置按鼠标中键，即可创建标注，如图 11-97 中尺寸为 160mm 的标注。

30. 半径尺寸标注

单击"标注尺寸"按钮，选取圆弧；在尺寸位置按鼠标中键，即可创建标注，如图 11-97 中尺寸为 R13mm 的标注。

31. 直径尺寸标注

单击"标注尺寸"按钮，然后，双击圆弧；在尺寸位置按鼠标中键，即可创建标注，如图 11-97 中尺寸为 $\phi 25$mm 的标注。

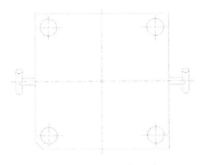

图 11-96　创建中心线

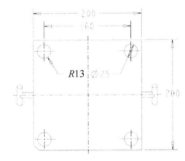

图 11-97　标注尺寸

32. 按四舍五入原则标注尺寸

先选取"布局"或"表"或"注释"或"草绘"选项卡，再选取 R13 的尺寸标注。然后，取消"☑四舍五入尺寸"复选项前面的"√"，R13 就变为 R12.5，如图 11-98 所示。

33. 添加前缀

（1）选取尺寸大小为 $\phi 25$mm 的标注，单击鼠标右键，在弹出的快捷菜单中单击 尺寸文本 按钮。

（2）在文本框中添加前缀"4×ϕ"，如图 11-99 所示。

（3）按<Enter>键，在 $\phi 25$ 前面添加前缀，使之变为 4×$\phi 25$，如图 11-100 所示。

34. 标注纵坐标尺寸

（1）单击"纵坐标尺寸"按钮，如图 11-101 所示。

（2）先选取直线 AB，再按住<Ctrl>键，选取直线 CD、水平中心线。

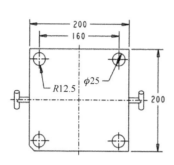

图 11-98　R13 变为 R12.5

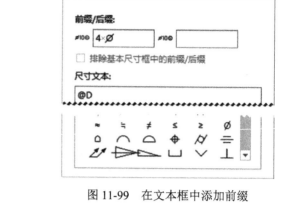

图 11-99　在文本框中添加前缀

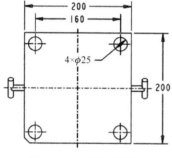

图 11-100　添加前缀后

图 11-101　单击"纵坐标尺寸"按钮

（3）按鼠标中键，创建纵坐标，如图 11-102 所示。

（4）采用相同的方法，以 AD 为起点，以竖直中心线、BC 为终点，创建横坐标，如图 11-102 所示。

35. 带引线注释

（1）先选取"注释"选项卡，再依次选取"注解"→"引线注解"命令，步骤如图 11-103 所示。

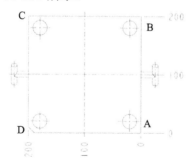

图 11-102　创建横、纵坐标

图 11-103　设置引线注解步骤

（2）先选取第一个圆心，按住<Ctrl>键，再选取其他 3 个圆心作为箭头位置。

（3）按鼠标中键，选取注释文本位置，并输入文本，所创建的带引线注释如图 11-104 所示。

图 11-104　带引线注释

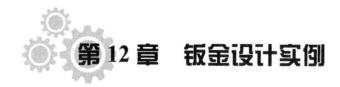

第12章　钣金设计实例

1. 钣金方盒

本节通过绘制钣金方盒零件图，重点讲述 Creo 7.0 钣金设计的基本命令。钣金方盒零件图如图 12-1 所示。

图 12-1　钣金方盒零件图

（1）启动 Creo 7.0，单击"新建"按钮，在【新建】对话框中对"类型"选取"⊙□零件"选项，"子类型"选取"⊙钣金体"选项；把"名称"设为"fanghe"，取消"☑使用默认模板"前面的"√"。设置完毕，单击 确定 按钮，在【新文件选项】对话框中选取"mmns_part_sheetmetal_abs"选项。

（2）选取"平面"按钮，选取 TOP 基准平面作为草绘平面，以 RIGHT 基准平面为参考平面，方向向右，绘制一个矩形截面（100mm×100mm），如图 12-2 所示。

（3）单击"确定"按钮☑，在操控面板中把"厚度"设为 1mm。

（4）单击"确定"按钮☑，创建第一个钣金特征，如图 12-3 所示。

图 12-2　绘制一个矩形截面

图 12-3　创建第一个钣金特征

（5）单击"平整"按钮，选取零件的下边线，如图 12-4 所示。

（6）在临时折弯实体图中，把"高度"设为 30mm，"角度"设为 90°，如图 12-5 所示。

图 12-4　选取零件的下边线

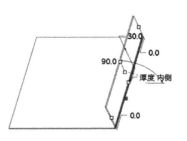

图 12-5　平整特征

（7）在"折弯"操控面板中单击"折弯位置"选项，选取"添加折弯几何，使得折弯线与连接边相切"命令，如图 12-6 下部所示。

（8）在"折弯"操控面板中选择"矩形"选项，把"角度"设为 90°，"折弯半径"设为 2mm，选取"标注折弯的内部曲面"命令 ，如图 12-6 右上角所示。

图 12-6　选取"添加折弯几何，使得折弯线与连接边相切"命令和"标注折弯的内部曲面"命令

（9）单击"确定"按钮，创建第一个折弯特征，如图 12-7 所示。

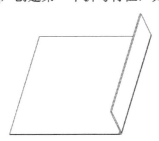

图 12-7　创建第一个折弯特征

（10）再次单击"平整"按钮，选取第一个折弯特征相邻边的下边线。

（11）在临时折弯实体图中，把"高度"设为 30mm，"角度"设为 90°。

（12）在"折弯"操控面板中单击"折弯位置"选项，选取"添加折弯几何，使得折弯线与连接边相切"命令，参考图 12-6。

（13）在"折弯"操控面板中单击"拐角处理"选项，在"拐角"栏中选取"拐角 1"选项，在"几何"栏中选取"带接缝创建"选项，在"类型"栏中选取"开放"选项。具体设置如图 12-8 所示。

图 12-8　设置"拐角处理"选项

（14）单击"确定"按钮✅，创建第二个折弯特征，如图 12-9 所示。

（15）采用相同的方法，创建其余两条边的折弯特征。

（16）折弯特征的拐角如图 12-10 所示。

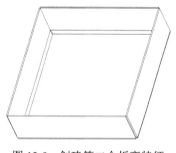

图 12-9　创建第二个折弯特征

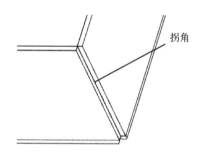

图 12-10　折弯特征的拐角

（17）单击"拉伸切口"按钮，在"拉伸切口"操控面板中单击　放置　按钮→ 定义… 按钮。

（18）选取 RIGHT 基准平面作为草绘平面，以 TOP 基准平面为参考平面，方向向上，进入草绘模式。

（19）绘制两个 ϕ12mm 的圆，如图 12-11 所示。

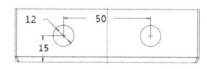

图 12-11　绘制两个 ϕ12mm 的圆

（20）单击"确定"按钮✅，在"拉伸切口"操控面板中单击"移除垂直于驱动曲面的材料"按钮，对"移除类型"选择"通孔"选项，如图 12-12 所示。

图 12-12　设置"拉伸切口"操控面板

（21）单击"确定"按钮✓，创建孔特征，如图 12-13 所示。

（22）在模型树中选取 拉伸1，单击鼠标右键，在弹出的快捷菜单中单击"阵列"按钮，在"阵列"操控面板的"阵列类型"栏中选取"轴"选项，在坐标系中选取 *Y* 轴，在"阵列"操控面板中把"成员数"设为 4，把"成员间的角度"设为 90°。

（23）单击"确定"按钮✓，创建阵列特征，如图 12-14 所示。

图 12-13　创建的孔特征

图 12-14　创建的阵列特征

（24）单击"平整"按钮，选取零件口部内边线，如图 12-15 中的粗线所示。

（25）在"平整"操控面板中先单击 形状 按钮，再选择"⊙ 高度尺寸不包括厚度"单选项，如图 12-16 所示。

选取口部内边线

图 12-15　选取零件口部内边线

图 12-16　选择"⊙ 高度尺寸不包括厚度"单选项

（26）在图 12-16 所示的对话框中单击 草绘... 按钮，先在系统默认的草图中把高度尺寸改为"10"，再单击"尺寸"按钮，选取截面的竖直边与水平边，标注角度尺寸。在弹出的"解决草绘"窗口中删除"竖直"约束，然后将角度标注改为 45°。修改后的截面如图 12-17 所示。

图 12-17　修改后的截面

（27）单击"确定"按钮☑，在"折弯"操控面板中单击"折弯位置"选项，选取"添加折弯几何，使得折弯线与连接边相切"命令。

（28）在"平整"操控面板中把"角度"设为 90°，"折弯半径"设为 2mm，单击"标注折弯的内部曲面"按钮☑。

（29）单击"确定"按钮☑，创建第一个折弯特征，如图 12-18 所示。

（30）采用相同的方法，创建其余 3 个折弯特征。

（31）单击"展平"按钮☑，选取零件中间的平面作为固定面，把零件实体展平。展平特征如图 12-19 所示。

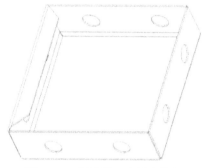

图 12-18　创建第一个折弯特征

图 12-19　展平特征

2. 门闩配件一

本节通过绘制门闩配件一零件图，重点讲述 Creo 7.0 钣金设计中凸模命令的使用方法。产品图如图 12-20 所示。

图 12-20　产品图

（1）启动 Creo 7.0，单击"新建"按钮☐，在【新建】对话框中对"类型"选取"◉☐零件"选项，"子类型"选取"◉ 实体"选项；把"名称"设为"MENSHUAN"，取消"☑使用默认模板"前面的"√"，单击 确定 按钮，在【新文件选项】对话框中选取"mmns_part_solid_abs"选项。

（2）单击"拉伸"按钮☐，选取 TOP 基准平面作为草绘平面，以 RIGHT 平面为参考平面，方向向右，绘制一个截面（20mm×15mm），如图 12-21 所示。

（3）单击"确定"按钮☑，在"拉伸"操控面板中对"拉伸类型"选取"不通孔"选项☐，把"深度"设为 2mm。

（4）单击"确定"按钮☑，创建拉伸特征，如图 12-22 所示。

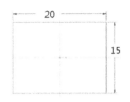

图 12-21　绘制一个截面

图 12-22　创建拉伸特征

（5）单击"拉伸"按钮，选取 RIGHT 基准平面作为草绘平面，以 TOP 基准平面为参考平面，方向向上，绘制一个截面，如图 12-23 所示。

（6）单击"确定"按钮，在"拉伸"操控面板中对"拉伸类型"选取"对称"选项，把"深度"设为 15mm。

（7）单击"确定"按钮，创建拉伸特征，如图 12-24 所示。

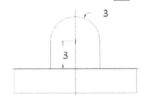

图 12-23　绘制截面

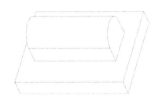

图 12-24　创建拉伸特征

（8）单击"边倒圆"按钮，把"半径"设为 2mm，创建圆角特征如图 12-25 所示。

（9）单击"保存"按钮，保存文档。

（10）单击"新建"按钮，在【新建】对话框中对"类型"选取"◉□零件"选项，"子类型"选取"◉钣金体"选项；把"名称"设为"MENSHUAN_1"，取消"☑使用默认模板"前面的"√"，单击 确定 按钮，在【新文件选项】对话框中选取"mmns_part_sheetmetal_abs"选项。

（11）单击鼠标右键，在弹出的快捷菜单中单击"平面"按钮，选取 TOP 基准平面作为草绘平面，以 RIGHT 基准平面为参考平面，方向向右，绘制一个矩形截面（120mm×20mm），如图 12-26 所示。

图 12-25　创建圆角特征

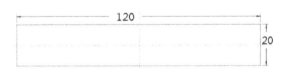

图 12-26　绘制一个矩形截面

（12）单击"确定"按钮，在操控面板中把"厚度"设为 1mm。

（13）单击"确定"按钮，创建"平面"钣金特征，如图 12-27 所示。

图 12-27　创建"平面"钣金特征

（14）单击"成型"按钮下面的三角形按钮▼→"凸模"按钮。在"凸模"操控面板中单击"打开"按钮，选取 MENSHUAN.PRT。

（15）在"凸模"操控面板中单击 放置 按钮，使两个零件的 FRONT 基准平面重合，MENSHUAN 的台阶面与 MENSHUAN_1 的 TOP 基准平面重合，两个零件的右端面也重合，如图 12-28 所示。

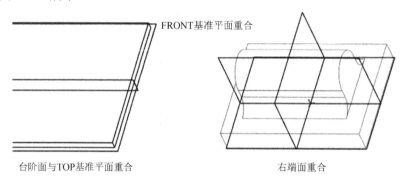

图 12-28　装配方式

（16）装配后两个零件的位置如图 12-29 所示，暂时不要单击"确定"按钮。

注意：两个零件的尺寸单位必须统一，都用公制或英制；否则，会出现一个零件很大而另一个零件很小的现象。

（17）在操控面板中单击 选项 按钮，在"选项"对话框中的"排除冲孔模型曲面"文本框中选取 单击此处添加项 ，如图 12-30 所示。

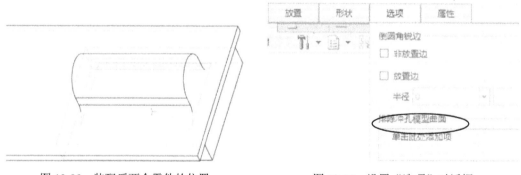

图 12-29　装配后两个零件的位置　　　图 12-30　设置"选项"对话框

（18）按住<Ctrl>键，选取 MENSHUAN.PRT 实体的两个端面，如图 12-31 中的阴影曲面所示。

（19）单击"确定"按钮，创建凸模特征，如图 12-32 所示。

（20）在模型树中选取 模板1，单击鼠标右键，在弹出的快捷菜单中单击"镜像"按钮，再选取 RIGHT 基准平面作为镜像平面，创建镜像特征，如图 12-33 所示。

（21）在模型树中选取 模板1，单击鼠标右键，在弹出的快捷菜单中单击"阵列"按钮。在"阵列"对话框中对"阵列类型"选取"方向"，选取 RIGHT 基准平面作为阵列方向，把"成员数"设为 2，"阵列成员间的距离"设为 70mm。设置完毕，单击"确定"按钮，创建阵列特征，如图 12-34 所示。

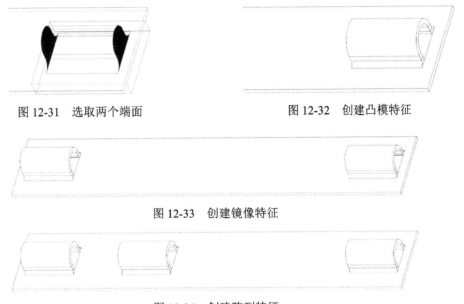

图 12-31 选取两个端面　　　　　　图 12-32 创建凸模特征

图 12-33 创建镜像特征

图 12-34 创建阵列特征

（22）单击"拉伸切口"按钮，以零件表面为草绘平面，绘制一个截面，如图 12-35 所示。

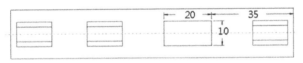

图 12-35 绘制一个截面

（23）单击"确定"按钮，在"拉伸切口"操控面板中单击"移除垂直于驱动曲面的材料"按钮，对"移除类型"选取"通孔"选项，如图 12-36 所示。

图 12-36 设置"拉伸切口"操控面板参数

（24）单击"确定"按钮，创建一个缺口，如图 12-37 所示。

图 12-37 创建一个缺口

（25）单击"平整"按钮 ，选取缺口上方的一条边线，产生一个向下的临时折弯特征，如图 12-38 所示。

（26）在"平整"操作面板中单击 形状 按钮，选择"◉ 高度尺寸不包括厚度"单选项（参考图 12-16），把临时折弯特征改为向上折弯。

（27）在"平整"操作面板中单击"折弯位置"按钮，在"类型"栏中单击"添加折弯几何，但保持壁轮廓在原始连接边上"按钮。

（28）在"平整"操控面板中单击 止裂槽 按钮，对"类型"选取"矩形"选项，"长度"选取"不通孔"选项；把"深度"设为 1mm，"长度"设为 4mm，"宽度"设为 2mm，如图 12-39 所示。

注意：止裂槽的作用是防止钣金零件在折弯时产生变形。

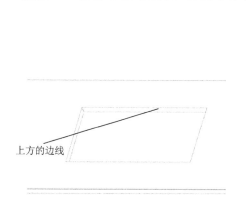

图 12-38 选取缺口上方的边线

图 12-39 设置"止裂槽"参数

（29）在实体上更改相应的尺寸，把"高度"设为 8mm，把"角度"设为 90°，左侧"偏移距离"设为-2mm，右侧"偏移距离"设为-2mm，如图 12-40 所示。

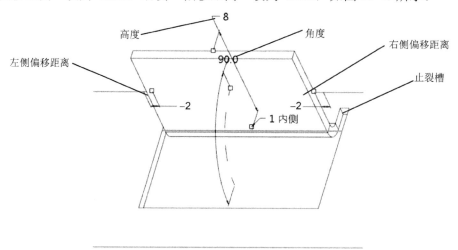

图 12-40 更改相应的尺寸

（30）在"平整"操控面板中选取"在连接边上添加折弯"命令□，把"折弯半径"设为 1mm，单击"标注折弯的内部曲面"按钮□，如图 12-41 所示。

图 12-41　"平整"操控面板设置

（31）单击"确定"按钮☑，创建折弯特征。

（32）采用相同的方法，创建另一个折弯特征。创建的两个折弯特征如图 12-42 所示。

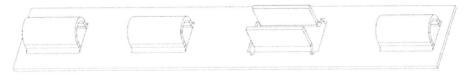

图 12-42　创建的两个折弯特征

（33）单击"拉伸切口"按钮□，以零件表面为草绘平面，绘制一个 φ4mm 的圆形截面，如图 12-43 所示。

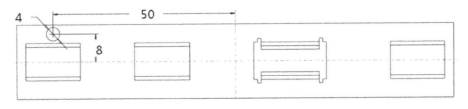

图 12-43　绘制一个 φ4mm 的圆形截面

（34）单击"确定"按钮☑，在"拉伸切口"操控面板中单击"移除垂直于驱动曲面的材料"□按钮，对"移除类型"选取"通孔"选项，参考图 12-36。

（35）单击"确定"按钮☑，创建一个孔特征。

（36）将该孔沿 FRONT 基准平面进行镜像，再沿 RIGHT 基准平面进行镜像，镜像后的孔特征如图 12-44 所示。

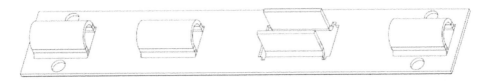

图 12-44　镜像后的孔特征

（37）先单击按钮 工程▼ ，再单击"倒角"命令□；按住<Ctrl>键，选取 4 个角，在"倒斜角"操控面板中对"斜度类型"选取"D×D"，把"D"值设为 2mm，创建倒角特征。

（38）单击"保存"按钮□，保存文档。

3. 门闩配件二

本节通过绘制门闩配件二零件图，重点讲述 Creo 7.0 钣金设计中先创建实体再将实体转化为钣金的方法，零件图如图 12-45 所示。

图 12-45　门闩配件二零件图

（1）启动 Creo 7.0，单击"新建"按钮 ，在【新建】对话框中对"类型"选取"◎□ 零件"选项，"子类型"选取"◎实体"选项；把"名称"设为"MENSHUAN_2"，取消"☑使用默认模板"前面的"√"。设置完毕，单击 **确定** 按钮，在【新文件选项】对话框中选取"mmns_part_solid_abs"选项。

（2）单击鼠标右键，在弹出的快捷菜单中单击"拉伸"按钮 ，选取 RIGHT 基准平面作为草绘平面，以 TOP 平面为参考平面，方向向上，绘制一个截面，如图 12-46 所示。

（3）单击"确定"按钮 ，在操控面板中把"拉伸距离"设为 10mm，对"类型"选取"对称"选项 。

（4）单击"确定"按钮 ，创建一个拉伸特征，如图 12-47 所示。

（5）单击 操作▼ 按钮，选取"转化为钣金件零件"命令，在操控面板中单击"壳"按钮 。

（6）先选择圆弧曲面作为驱动曲面，然后，在操控面板中单击"参考"选项，在"参考"滑动面板的"包括曲面"栏中，选择"单击此处添加项"。最后，按住<Ctrl>键，选取其他 4 个曲面，如图 12-48 中的阴影曲面所示。

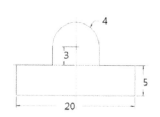

图 12-46　绘制一个截面

图 12-47　创建一个拉伸特征

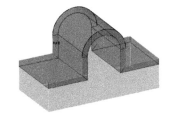

图 12-48　选择阴影曲面

（7）在操控面板中把"厚度"设为 1mm。

（8）单击"确定"按钮 ，零件转化为钣金，如图 12-49 所示。

（9）单击"拉伸切口"按钮 ，以零件表面为草绘平面，绘制两个 ϕ4mm 的孔，如图 12-50 所示。

（10）单击"确定"按钮✓，在"拉伸切口"操控面板中单击"移除垂直于驱动曲面的材料"⚞按钮，对"移除类型"选择"通孔"选项，参考图12-36。

（11）单击"确定"按钮✓，创建的两个孔如图12-51所示。

（12）单击"工程"旁边的三角符号▼，选取"倒角"按钮⚞；按住<Ctrl>键，选取4个角。在"倒斜角"操控面板中对"斜度类型"选取"45×*D*"选项，把"*D*"值设为2mm，创建倒斜角特征。

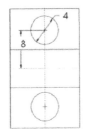

图12-49　零件转化为钣金　　　图12-50　绘制两个φ4mm的孔　　　图12-51　创建的两个孔

（13）单击"保存"按钮🖫，保存文档。

4. 洗菜盆

本节通过绘制洗菜盆零件图，重点介绍结合实体与钣金的命令设计钣金零件的方法，产品图如图12-52所示。

（1）启动Creo 7.0，单击"新建"按钮，在【新建】对话框中对"类型"选取"◉ 零件"选项，"子类型"选取"◉ 实体"选项；把"名称"设为"XICAIPEN"，取消"✓ 使用默认模板"前面的"√"。设置完毕，单击 **确定** 按钮，在【新文件选项】对话框中选取"mmns_part_solid_abs"选项。

（2）单击鼠标右键，在弹出的快捷菜单中单击"拉伸"按钮，选取TOP基准平面作为草绘平面，以RIGHT基准平面作为参考平面，方向向右，绘制截面1，如图12-53所示。

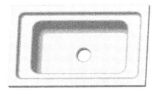

图12-52　产品图　　　　　　　图12-53　绘制截面1

（3）单击"确定"按钮✓，在操控面板中对"类型"选取"不通孔"选项⊔，把"拉伸距离"设为10mm。设置完毕，单击"反向"按钮，使箭头朝上，创建一个拉伸特征。

（4）单击鼠标右键，在弹出的快捷菜单中单击"拉伸"按钮，选取TOP基准平面作为草绘平面，以RIGHT基准平面为参考平面，方向向右，绘制截面2，如图12-54所示。

（5）单击"确定"按钮✅，在操控面板中对"类型"选取"不通孔"选项⊔，把"拉伸距离"设为30mm。设置完毕，单击"反向"按钮✗，使箭头朝上，创建一个拉伸特征。

（6）单击鼠标右键，在弹出的快捷菜单中选取"拉伸"按钮，选取 TOP 基准平面作为草绘平面，RIGHT 基准平面为参考平面，方向向右，绘制截面 3，如图 12-55 所示。

图 12-54　绘制截面 2

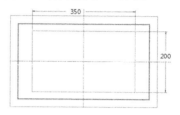

图 12-55　绘制截面 3

（7）单击"确定"按钮✅，在操控面板中对"类型"选取"不通孔"选项⊔，把"拉伸距离"设为 120mm。设置完毕，单击"反向"按钮✗，使箭头朝上，创建一个拉伸特征。

（8）单击鼠标右键，在弹出的快捷菜单中选取"拉伸"按钮，选取零件的下底面作为草绘平面，以 RIGHT 基准平面为参考平面，方向向右，绘制截面 4，如图 12-56 所示。

（9）单击"确定"按钮✅，在操控面板中对"类型"选取"不通孔"选项⊔，把"拉伸距离"设为20mm。设置完毕，单击"反向"按钮✗，使箭头朝上，创建一个拉伸特征。

（10）创建的 4 个拉伸特征如图 12-57 所示。

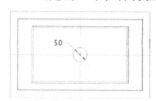

图 12-56　绘制截面 4

图 12-57　创建的 4 个拉伸特征（从底部朝上的视角）

（11）单击"边倒圆"按钮，创建边倒圆特征，如图 12-58 所示。

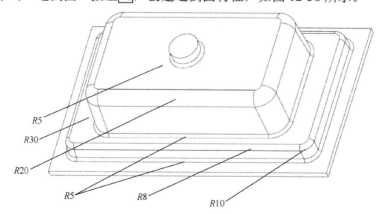

图 12-58　创建边倒圆特征

（12）单击 操作▾ 按钮，在下拉菜单中选取"转化为钣金"命令。

（13）在操控面板中单击"壳"按钮 ，把"厚度"设为 1mm。

（14）先选择一个平面为驱动曲面，然后，在操控面板中单击"参考"按钮，在"参考"滑动面板的"包括曲面"栏中选取"单击此处添加"选项。最后，按住<Ctrl>键，（不要选取零件的下表面、4 个侧面和圆柱的上表面，如图 12-59 中的阴影所示）。

图 12-59　选取平面

（15）单击"确定"按钮 ，零件转化为钣金，如图 12-60 所示。

（16）单击"平整"按钮 ，选取上边线（有两条边线，这里选上边线），如图 12-61 所示，产生一个向下的临时折弯特征。

　　　　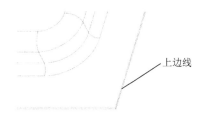

图 12-60　零件转化为钣金　　　　　图 12-61　选取上边线

（17）在"平整"操控面板中单击 形状 按钮，选取"◉ 高度尺寸不包括厚度"单选项，把临时折弯特征改为向上折弯。

（18）在"平整"操控面板中单击"折弯位置"按钮，在"类型"栏中单击"添加折弯几何，但保持壁轮廓在原始连接边上"按钮，在实体图上把"折弯高度"设为 10mm。

（19）在"平整"操控面板中选取"矩形"选项，把"折弯角度"设为 90°；单击"在连接边上折弯"按钮 →"标注折弯的内部曲面"按钮 ，把"折弯半径"设为 1mm，如图 12-62 所示。

图 12-62　"平整"操控面板设置

（20）单击"确定"按钮 ，创建第一个折弯特征。

（21）再次单击"平整"按钮 ，选择第一个折弯特征的相邻边的下边线。

（22）在临时折弯实体图中，把"高度"设为 10mm，"角度"设为 90°。

（23）在"折弯"操控面板中单击"折弯位置"选项，选取"添加折弯几何，但保持壁轮廓在原始连接边上"命令。

（24）在"折弯"操控面板中单击"拐角处理"选项，在"拐角"栏中选择"拐角1"，在"几何"栏中选择"无接缝创建"选项。单击"确定"按钮 ✓，创建第二个折弯特征。

（25）采用相同的方法，创建其余2个折弯特征。所创建的4个折弯特征如图12-63所示。

（26）折弯特征的拐角如图12-64所示。

（27）选取折弯特征的一条边线，单击鼠标右键，在弹出的快捷菜单中选取"延伸"命令 ；然后在"延伸"操控面板中选取"将壁延伸到参考平面"命令 ，最后选择延伸终止面，如图12-64所示。

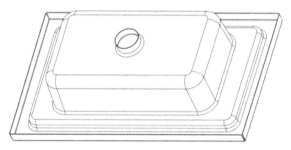

图12-63　创建的4个折弯特征

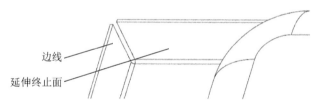

边线

延伸终止面

图12-64　选取边线与延伸终止面

（28）单击"确定"按钮，角落被封闭，如图12-65所示。

（29）采用相同的方法，延伸其他的边线。

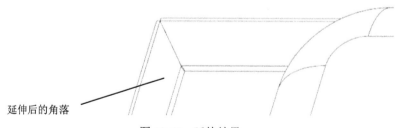

延伸后的角落

图12-65　延伸结果

（30）单击"保存"按钮 ，保存文档。

5. 挂扣

本节通过绘制挂扣零件图，重点讲述 Creo 7.0 钣金设计中法兰与钣金折弯的命令操作。产品图如图 12-66 所示。

图 12-66　产品图

（1）启动 Creo 7.0，单击"新建"按钮，在【新建】对话框中对"类型"选取"⊙ 零件"选项，"子类型"选取"⊙ 钣金件"选项；把"名称"设为"guakou"，取消"☑ 使用默认模板"前面的"√"。设置完毕，单击　确定　按钮，在【新文件选项】对话框中选取"mmns_part_sheetmetal_abs"选项。

（2）单击鼠标右键，在弹出的快捷菜单中选取"平面"按钮，选取 TOP 基准平面作为草绘平面，以 RIGHT 基准平面为参考平面，方向向右，绘制截面 1，如图 12-67 所示。

图 12-67　绘制截面 1

（3）单击"确定"按钮☑，在"平面"操控面板中把"厚度"设为 1mm，创建平面特征。

（4）单击"法兰"按钮，选取左侧下边线，如图 12-68 所示。

图 12-68　选取左侧下边线

（5）在"法兰"操控面板中对"折弯类型"选取"打开"选项，如图 12-69 所示。

图 12-69　选取"打开"选项

（6）在实体图上把"长度"设为 10mm，"半径"设为 5mm，如图 12-70 所示。

图 12-70　设定尺寸

（7）单击"确定"按钮✓，创建"法兰"特征。

（8）单击鼠标右键，在弹出的快捷菜单中单击"法兰"按钮，选取折弯特征的上边线，如图12-71所示。

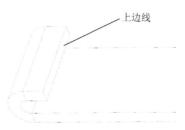

图12-71　选取上边线

（9）在"法兰"操控面板中对"折弯类型"选取"S"，单击"第一侧偏移"按钮，把"值"设为-5mm（负值表示往里偏移，正值表示往外偏移），选取"第二侧偏移"按钮，把"值"设为-5mm。单击"在连接边上添加折弯"按钮，把"值"设为3，单击"标注折弯的内部曲面"按钮，如图12-72所示。

图12-72　设置"法兰"操控面板

（10）在"法兰"操控面板中选取 形状 →"◉高度尺寸不包括厚度"选项，展开"+截面预览"选项，把"折弯半径"设为6mm，"高度"设为8mm，"长度"设为10mm，"角度"设为45°，如图12-73所示。

（11）在操控面板中选取"折弯位置"选项，然后选择"添加折弯几何，但保持壁轮廓在原始连接边上"命令，如图12-74所示。

图12-73　设定法兰尺寸

图12-74　设置"折弯位置"参数

（12）在操控面板中选取 止裂槽 和"折弯止裂槽"，勾选"☑单独定义每侧"复选项；选取"◉侧1"，把"类型"设为"矩形"，"高度"选取"不通孔"选项，把"值"设为2mm；对"宽度"选取"厚度"（这里的厚度指的是钣金的厚度，在创建第一个钣金特征时已定义钣金厚度），如图12-75所示。

（13）选择"⊙侧 2"，把"类型"设为"长圆形"；对"高度"选择"不通孔"，把"值"设为 3mm，"宽度"设为 1mm，如图 12-76 所示。

（14）单击"确定"按钮，创建"S"形法兰特征。该特征带有止裂口，如 12-77 所示。

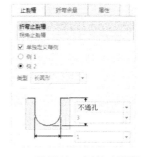

图 12-75 设置第一侧的"止裂槽"参数　　　图 12-76 设置第二侧的止裂槽参数

图 12-77 带有止裂口的"S"形法兰特征

（15）单击鼠标右键，在弹出的快捷菜单中单击"法兰"按钮，选取折弯特征的上边线，如图 12-78 所示。

（16）在"法兰"操控面板中对"折弯类型"选取"平齐的"选项，把"第一侧偏移值"设为 0，"第二侧偏移值"设为 0，如图 12-79 所示。

上边线

图 12-78 选取折弯特征的上边线　　　图 12-79 设置"法兰"操控面板

（17）在实体图上把"长度"设为 3mm，如图 12-80 所示。

（18）单击"确定"按钮，创建"对齐"法兰特征，如图 12-81 所示。

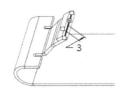

图 12-80 设定折弯特征长度　　　图 12-81 创建"对齐"法兰特征

（19）单击"折弯"按钮，选取零件的下表面；在操控面板中单击 折弯线 → 草绘... 按钮，绘制一条直线，如图12-82所示。

图12-82　绘制一条直线

（20）单击"确定"按钮，在"折弯"操控面板中单击"折弯折弯线另一侧的材料"按钮→"使用值来定义折弯角度"按钮，把"角度"设为180°。设置完毕，单击"测量自直线开始的折弯角度偏转"按钮，把"半径"设为3mm。最后，单击"标注折弯的内部曲面"按钮，如图12-83所示。

图12-83　"折弯"操控面板设置

（21）单击"确定"按钮，创建折弯特征，如图12-84所示。如果折弯后的效果与图12-84中的不相同，请在图12-83的"折弯"操控面板中单击"反向"按钮。

图12-84　创建折弯特征

（22）单击"折弯"按钮，选取零件折弯特征的上表面。然后，在操控面板中单击 折弯线 → 草绘... 按钮，绘制一条直线，如图12-85所示。

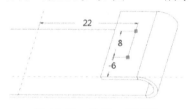

图12-85　绘制一条直线

（23）单击"确定"按钮，在"折弯"操控面板中单击"折弯折弯线另一侧的材料"按钮→"折弯至曲面的端部"按钮，把"半径"设为2mm。设置完毕，单击"标注折弯的内部曲面"按钮，如图12-86所示。

图12-86　"折弯"操控面板设置

（24）在操控面板中单击 止裂槽 按钮，取消"☑单独定义每侧"复选项前面的"√"，把"类型"设为"扯裂"。

（25）单击"确定"按钮，创建折弯特征，如图 12-87 所示。

图 12-87　创建折弯特征

（26）先单击　工程▾　按钮，再单击"倒角"命令；按住<Ctrl>键，选取 4 个角，在"倒斜角"操控面板中对"斜度类型"选择"D×D"，把"D"值设为 2mm，创建倒斜角特征，如图 12-88 所示。

图 12-88　创建倒斜角特征

（27）单击"展平"按钮，选取零件的平面。零件展开后的效果如图 12-89 所示。

图 12-89　零件展开后的效果

（28）单击"保存"按钮，保存文档。

6. 百叶窗

本节通过绘制百叶窗零件图，重点讲述结合实体与钣金的命令设计钣金零件的方法。产品图如图 12-90 所示。

图 12-90　产品图

（1）启动 Creo 7.0，单击"新建"按钮，在【新建】对话框中对"类型"选取"◉ 零件"选项，"子类型"选取"◉ 实体"选项；把"名称"设为"MJ_die"，取消"☑使用默认模板"前面的"√"。设置完毕，单击　确定　按钮，在【新文件选项】对话框中选择"mmns_part_solid_abs"选项。

（2）单击"拉伸"按钮，选取 TOP 基准平面作为草绘平面，以 RIGHT 基准平面为参考平面，方向向右，绘制截面 1，如图 12-91 所示。把"厚度"设为 1mm，创建拉伸特征。

（3）单击"拉伸"按钮，选取 RIGHT 基准平面为草绘平面，以 TOP 基准平面为参考平面，方向向上，绘制截面 2，如图 12-92 所示。把"厚度"设为 20mm，对"类型"选取"对称"选项，创建拉伸特征。

图 12-91　绘制截面 1

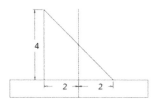

图 12-92　绘制截面 2

（4）单击"边倒圆"按钮，把两条竖直边线的"圆角半径"设为 1mm，把"斜面与平面的圆角半径"设为 2mm。创建的倒圆角特征如图 12-93 所示。

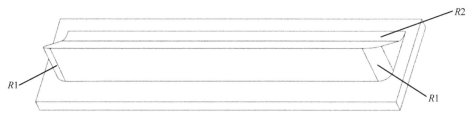

图 12-93　创建的倒圆角特征

（5）单击"保存"按钮，保存文档。

（6）单击"新建"按钮，在【新建】对话框中对"类型"选取"◉ ▢零件"选项，"子类型"选取"◉ 实体"选项；把"名称"设为"BAIYECHUANG"，取消"✓使用默认模板"前面的"✓"。设置完毕，单击 确定 按钮，在【新文件选项】对话框中选择"mmns_part_solid_abs"选项。

（7）单击"拉伸"按钮，选取 TOP 基准平面作为草绘平面，以 RIGHT 基准平面为参考平面，方向向右，绘制截面 3，如图 12-94 所示。

（8）在"拉伸"操控面板中对"拉伸类型"选取"不通孔"选项，把"深度"设为 20mm。设置完毕，单击"确定"按钮，创建拉伸特征，如图 12-95 所示。

图 12-94　绘制截面 3

图 12-95　创建拉伸特征

（9）单击"边倒圆"按钮，把 4 条竖直边线的"圆角半径"设为 3mm，把表面与侧面的圆角"半径"设为 2mm。创建的倒圆角特征如图 12-96 所示。

（10）单击 操作▼ 按钮，在下拉菜单中选取"转化为钣金"命令。

（11）在操控面板中单击"壳"按钮 ，把"厚度"设为 1mm。

（12）在操控面板中单击"参考"选项，选择零件的底面作为需要删除的曲面。然后，按住<Ctrl>键，选择其他曲面作为包括曲面（底面除外）。设置完毕，单击"确定"按钮 ，实体转化为钣金，如图 12-97 所示。

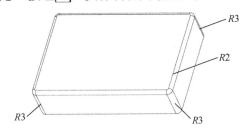

图 12-96　创建的倒圆角特征　　　　　　图 12-97　实体转化为钣金

（13）单击"平整"按钮 ，选取零件的内边线，生成向外的临时平整特征，如图 12-98 所示。

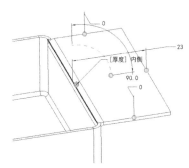

图 12-98　生成向外的临时平整特征

（14）在"平整"操控面板中单击 形状 按钮，选取"◉高度尺寸不包括厚度"单选项，把平整特征调整为向内。

注意：如果把"平整"操控面板中的角度值设为 0° 或 180°，那就不能选取"◉高度尺寸不包括厚度"单选项。

（15）单击 草绘… 按钮，将默认的图形删除后，再绘制一个截面（该截面只有 3 条边，也可以在系统默认的图上进行修改），如图 12-99 所示。

（16）单击"确定"按钮 ，在"平整"操控面板中选取"折弯位置"选项，单击"添加折弯几何，使得折弯线与连接边相切"按钮，如图 12-100 所示。

（17）在"平整"操控面板中选取"用户定义"，把"角度"设为 90°。单击"在连接边上添加折弯"按钮 ，把"折弯半径值"设为"厚度"，单击"标注折弯的内部曲面"按钮 ，如图 12-101 所示。

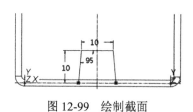

图 12-99　绘制截面

图 12-100　设置"折弯位置"选项

图 12-101　设置"平整"操控面板

（18）单击"确定"按钮☑，创建第一个折弯特征。

（19）采用相同的方法，创建其他 3 个折弯特征。所创建的 4 个折弯特征如图 12-102 所示。

（20）单击"拉伸切口"按钮，在"拉伸"操控面板中单击 <u>放置</u> 按钮→ <u>定义…</u> 按钮。

（21）选取上一步骤折弯的平面作为草绘平面，绘制 4 个 ϕ4mm 的圆，如图 12-103 所示。

（22）单击"确定"按钮☑，然后在"拉伸切口"操控面板中单击"移除垂直于驱动曲面的材料"按钮，对"移除类型"选择"拉伸至下一曲面"选项，如图 12-104 所示。

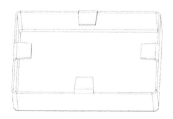

图 12-102　创建的 4 个折弯特征

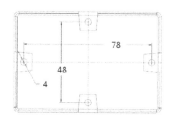

图 12-103　绘制 4 个 ϕ4mm 的圆

图 12-104　设置"拉伸切口"操控面板参数

（23）单击"确定"按钮☑，创建 4 个小孔，如图 12-105 所示。

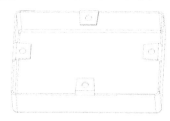

图 12-105　创建 4 个小孔

（24）单击 下面的三角形按钮▼，然后单击"凸模"按钮，在"凸模"操控面板中单击"打开"按钮，选取 MJ_die.prt。

（25）在"凸模"操控面板中单击 放置 按钮，在弹出的界面中勾选"☑约束已启用"复选项，并按图 12-106 所示的方式装配两个零件。

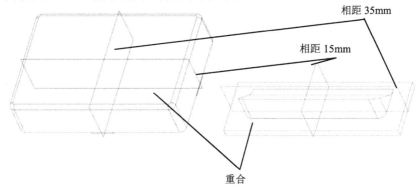

相距 35mm

相距 15mm

重合

图 12-106　装配方式

（26）装配后的效果如图 12-107 所示。

注意：两个零件的尺寸单位必须统一，都用公制或英制；否则，会出现一个零件很大而另一个零件很小的现象。

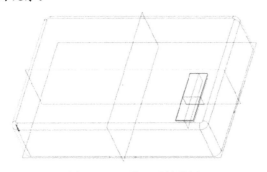

图 12-107　装配后的效果

（27）单击 选项 按钮，在"选项"滑动面板中单击"排除冲孔模型曲面"文本框中的 单击此处添加项 字符，参考图 12-30。

（28）按住<Ctrl>键，选取 MJ_die.prt 中的 5 个曲面，如图 12-108 中的阴影曲面所示。

图 12-108　选取 MJ_die.prt 中的 5 个曲面

（29）单击"确定"按钮☑，创建成型特征，如图 12-109 所示。

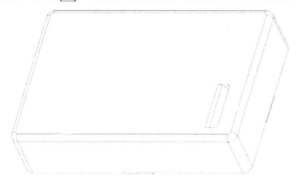

图 12-109　成型特征

（30）在模型树中选取 模板1，单击鼠标右键，在弹出的快捷菜单中单击"阵列"按钮。在"阵列"操控面板中选择"方向"选项，选取 RIGHT 基准平面作为第一方向参考平面，把"间距"设为-10mm，把"成员数"设为 8 个；选取 FRONT 基准平面作为第二方向参考平面，把"间距"设为-30mm，把"成员数"设为 2 个。

（31）单击"确定"按钮☑，创建阵列特征，如图 12-110 所示。

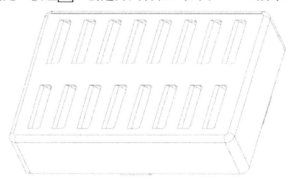

图 12-110　创建阵列特征

（32）单击"保存"按钮，保存文档。

第13章 综合训练

1. 凹模镶件

本节通过绘制凹模镶件零件图，重点介绍运用曲面进行零件设计的基本命令。零件图如图 13-1 所示。

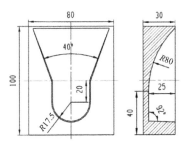

图 13-1　零件图

（1）启动 Creo 7.0，单击"新建"按钮 ，在【新建】对话框中对"类型"选取"◉☐零件"，"子类型"选取"◉ 实体"选项；把"名称"设为"xiangjian"，取消"☑使用默认模板"前面的"√"。设置完毕，单击　确定　按钮，在【新文件选项】对话框中选取"mmns_part_solid_abs"选项。

（2）单击"拉伸"按钮 ，以 TOP 基准平面为草绘平面，以 RIGHT 基准平面为参考平面，方向向右，绘制一个截面，如图 13-2 所示。

（3）单击"确定"按钮 ，在"拉伸"操控面板中选取"指定深度"选项 ，把"深度"设为 30mm。设置完毕，单击"反向"按钮 ，使箭头朝下。

（4）单击"确定"按钮 ，创建一个拉伸特征，如图 13-3 所示。

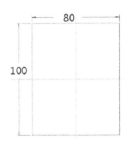

图 13-2　绘制一个截面

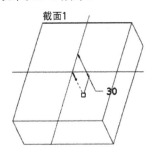

图 13-3　创建一个拉伸特征

（5）单击"拉伸"按钮，以零件的上表面为草绘平面，以 RIGHT 基准平面为参考平面，方向向右，绘制一个开放的截面，如图 13-4 所示。

（6）单击"确定"按钮，在"拉伸"操控面板中选取"曲面"按钮 → "指定深度"按钮，把"深度"设为 30mm。设置完毕，单击"反向"按钮，使箭头朝下。

（7）单击"确定"按钮，创建第一个拉伸曲面，如图 13-5 所示。

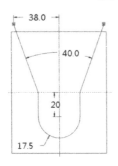

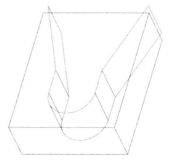

图 13-4　绘制一个开放的截面　　　　图 13-5　创建第一个拉伸曲面

（8）单击"拉伸"按钮，以 RIGHT 基准平面为草绘平面，以 TOP 基准平面为参考平面，方向向上，绘制一条直线和一条圆弧，如图 13-6 所示。

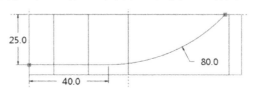

图 13-6　绘制一条直线和一条圆弧

（9）单击"确定"按钮，在"拉伸"操控面板中单击"曲面"按钮 → "对称"按钮，把"深度"设为 80mm，创建第二个拉伸曲面，如图 13-7 所示。

（10）按住<Ctrl>键，选取前面步骤创建的 2 个曲面。单击鼠标右键，在弹出的快捷菜单中单击"合并"按钮。选择完毕，在工作区单击箭头，选取曲面需要保留的方向，如图 13-8 中的阴影所示。

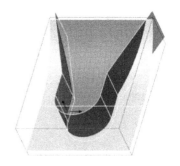

图 13-7　创建第二个拉伸曲面　　　　图 13-8　选取曲面需要保留的方向

（11）选取合并后的曲面，单击鼠标右键，在弹出的快捷菜单中单击"实体化"按钮 ；在"实体化"操控面板中单击"切除材料"按钮 ，零件切除材料后的效果如图 13-9 所示。

（12）单击"拔模"按钮 ，在"拔模"操控面板中单击 参考 按钮。

（13）在"参考"操控面板中单击"拔模曲面"方框中的 选择项 按钮，然后在零件上选取拔模面，如图 13-10 中的阴影所示。

（14）在"拔模枢轴"方框中单击 单击此处添加项 字符，选取零件的上表面，如图 13-11 中的阴影所示。系统默认零件的上表面为拔模的拖拉方向。

（15）输入拔模，把"角度"设为 2°。

（16）单击"确定"按钮 ，创建拔模特征。

图 13-9　零件切除材料后的效果　　　图 13-10　选取拔模面　　　图 13-11　选取拔模枢轴

2. 汤匙

本节通过绘制汤匙零件图，重点介绍 Creo 7.0 中的草绘、投影曲线、样式曲面、加厚等命令的使用方法。零件图如图 13-12 所示。

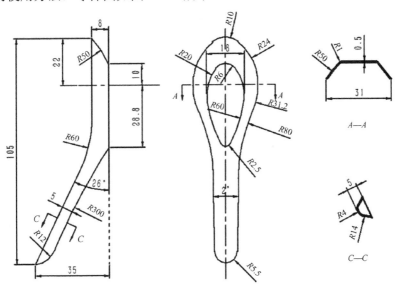

图 13-12　零件图

（1）启动 Creo 7.0，单击"新建"按钮，在【新建】对话框中对"类型"选取"◉□零件"选项，"子类型"选取"◉ 实体"选项；把"名称"设为"TANGCHI"，取消"☑使用默认模板"前面的"√"。设置完毕，单击 确定 按钮，在【新文件选项】对话框中选取"mmns_part_solid_abs"选项。

（2）单击"草绘"按钮，选取 TOP 基准平面作为草绘平面，以 RIGHT 基准平面为参考平面，方向向右，绘制截面 1，如图 13-13 所示。最后，单击"确定"按钮☑。

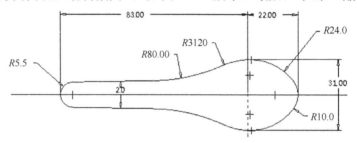

图 13-13　绘制截面 1

（3）单击"草绘"按钮，选取 TOP 基准平面作为草绘平面，以 RIGHT 基准平面为参考平面，方向向右，绘制截面 2，如图 13-14 所示。最后，单击"确定"按钮☑。

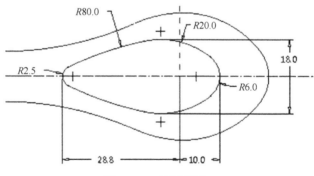

图 13-14　绘制截面 2

（4）单击"草绘"按钮，选取 FRONT 基准平面作为草绘平面，以 TOP 基准平面为参考平面，方向向上，绘制截面 3，如图 13-15 所示。最后，单击"确定"按钮☑。

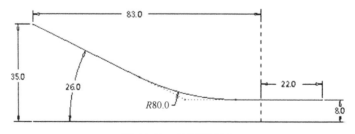

图 13-15　绘制截面 3

（5）按住<Ctrl>键，选取截面 1 与截面 3，单击"相交"按钮，创建投影曲线，如图 13-16 所示。

（6）单击"绘制基准点"按钮，按住<Ctrl>键，选取 RIGHT 基准曲面和上一步骤创建的投影曲线。选择完毕，单击"确定"按钮，创建一个基准点（需创建 4 个基准点，分 4 次创建），如图 13-16 所示。

（7）单击"草绘"按钮，选取 RIGHT 基准平面作为草绘平面，以 TOP 基准平面为参考平面，方向向上。通过 4 个基准点，绘制两条圆弧（R50mm）截面，即截面 4，如图 13-17 所示。

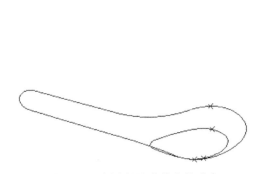

图 13-16 创建投影曲线和基准点

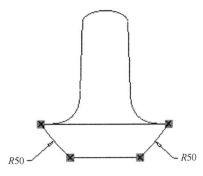

图 13-17 绘制截面 4

（8）单击"草绘"按钮，选取 FRONT 基准平面作为草绘平面，以 RIGHT 基准平面为参考平面，方向向右，绘制截面 5（提示：通过"重合"约束，将圆弧 R300 的端点与截面 2 对齐，使 R12.5 圆弧与 R300 圆弧相切），如图 13-18 所示。

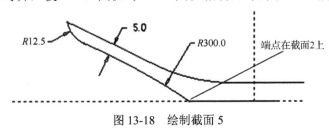

图 13-18 绘制截面 5

（9）单击"草绘"按钮，选取 FRONT 基准平面作为草绘平面，以 RIGHT 基准平面为参考平面，方向向右，绘制截面 6，如图 13-19 所示。其中，圆弧的两个端点分别在截面 2 和投影曲线上。

图 13-19 绘制截面 6

（10）单击"拉伸"按钮 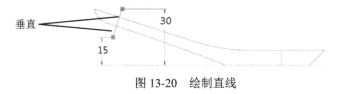，以 FRONT 基准平面为草绘平面，以 RIGHT 基准平面为参考平面，方向向右，绘制一条直线。然后单击"垂直"按钮，选择该直线和截面 5，使该直线垂直于截面 5。采用相同的方法，该直线同时垂直于截面 3，如图 13-20 所示。

图 13-20　绘制直线

（11）单击"确定"按钮 ✔，在"拉伸"操控面板中单击"曲面"按钮，对"拉伸类型"选取"对称"选项 ，把"距离"设为 15mm。

（12）单击"确定"按钮 ✔，创建拉伸曲面，如图 13-21 所示。

图 13-21　创建拉伸曲面

（13）单击"绘制基准点"按钮，按住 <Ctrl> 键，选取步骤（12）创建的拉伸曲面和步骤（7）创建的截面 4，创建一个基准点。

（14）采用相同的方法，创建拉伸曲面与曲线的其余两个基准点。创建的 3 个基准点如图 13-22 所示。

（15）单击"草绘"按钮，选取拉伸曲面作为草绘平面，经过 3 个基准点，绘制截面 7，如图 13-23 所示。

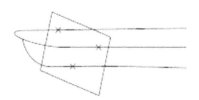

图 13-22　创建 3 个基准点

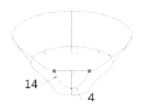

图 13-23　绘制截面 7

（16）在模型树中选取" 拉伸 1"，在活动窗口中单击"隐藏"按钮，隐藏拉伸曲面，保持桌面整洁。

（17）单击"样式"按钮，在"样式"操控面板中单击"曲面"按钮，在图 13-24 中按以下步骤选取曲线，创建样式曲面 1。

第 1 步：先选取曲线①，再按住 <Shift> 键，依次选取曲线②和曲线③。

第 2 步：松开 <Shift> 键，按住 <Ctrl> 键，选取曲线④；然后松开 <Ctrl> 键再次按住 <Shift> 键，依次选取曲线⑤和曲线⑥。

第3步：在"曲面"操控面板中先单击第二个收集器中的 单击此处添加项 ，再选取曲线⑦。然后按住<Shift>键，选取曲线⑧（曲线⑦与曲线⑧构成内部链，控制曲面的形状）。

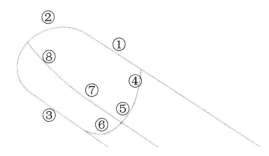

图13-24　按步骤选取曲线

第4步：单击"确定"按钮✓，创建样式曲面1，如图13-25所示。

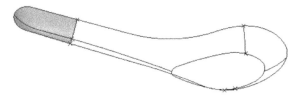

图13-25　创建样式曲面1

（18）在不退出"样式"的情况下，在操控面板中单击"曲面"按钮 ，按以下步骤选取曲线，创建样式曲面2和样式曲面3。

第1步：选取曲线1，如图13-26所示。

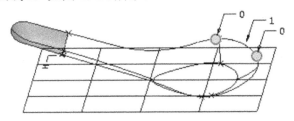

图13-26　选取"修剪位置"命令

第2步：按住<Shift>键，依次选取链1上的图素（曲线段比较零碎，需要认真选取），如图13-27所示。

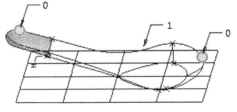

图13-27　选取链1

第3步：先松开<Shift>键，再按住<Ctrl>键，选取曲线④；然后松开<Ctrl>键，再次按住<Shift>键，依次选取曲线⑤和曲线⑥。曲线④、曲线⑤、曲线⑥构成链2，如图13-28所示。

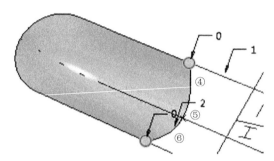

图13-28　选取链2

第4步：采用相同的方法，选取链3、链4、链5、链6和内部曲线，如图13-29所示。创建样式曲面2，如图13-30所示。

提示：*如果不能成功创建曲面，请仔细检查曲线是否相交或曲线是否依次相连。*

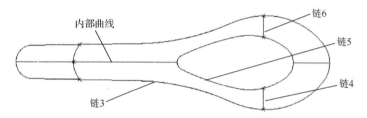

图13-29　选取链3、链4、链5、链6和内部曲线

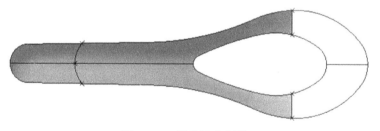

图13-30　创建样式曲面2

第5步：采用相同的方法，创建样式曲面3，如图13-31所示。

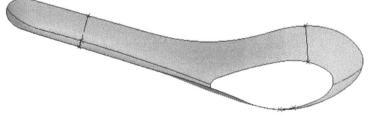

图13-31　创建样式曲面3

（19）单击"确定"按钮，退出样式曲面。

（20）单击"填充"按钮▢，选取草绘2，创建填充曲面，如图13-32所示。

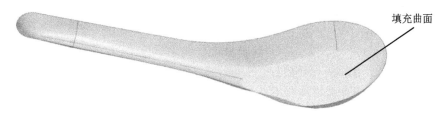

填充曲面

图13-32 创建填充曲面

（21）按住<Ctrl>键，在模型树中选取样式曲面和填充曲面，单击"合并"按钮▢，把样式曲面和填充曲面合并。

（22）单击"倒圆角"按钮▢，选取样式曲面和填充曲面的交线，创建倒圆角特征（R1mm）。

（23）任选一个曲面，单击"加厚"按钮▢。在"加厚"操控面板中输入"偏移厚度"，把其值设为1mm。如果加厚不成功，请尝试单击"反向"按钮▨。

（24）单击"确定"按钮▣，创建加厚特征，如图13-33所示。

图13-33 创建加厚特征

（25）单击"保存"按钮▤，保存文档。

3. 塑料外壳

本节通过创建塑料外壳零件图的建模过程，重点讲述了Creo 7.0中的草绘、唇、截面圆顶、变圆角、替换、偏移、拔模、复制、扫描、阵列等命令的使用方法。产品图如图13-34所示。

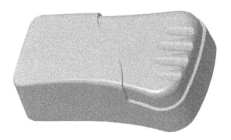

图13-34 产品图

（1）启动 Creo 7.0，单击"新建"按钮，在【新建】对话框中对"类型"选取"⊙□零件"选项，"子类型"选取"⊙ 实体"选项；把"名称"设为"WAIKE"，取消"☑使用默认模板"复选项前面的"√"。设置完毕，单击　确定　按钮，在【新文件选项】对话框中选取"mmns_part_solid_abs"选项。

（2）单击"拉伸"按钮，以 TOP 基准平面为草绘平面，以 RIGHT 基准平面为参考平面，方向向右，绘制一个截面。

提示：R500mm 圆弧的端点不在 Y 轴上，如图 13-35 所示。

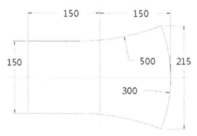

图 13-35　绘制一个截面

（3）单击"确定"按钮，在"拉伸"操控面板中单击"指定深度"按钮，把"深度"设为 80mm。设置完毕，单击"反向"按钮，使箭头朝上。

（4）单击"确定"按钮，创建一个拉伸特征，如图 13-36 所示。此时，TOP 基准平面在下底面。

（5）单击"拔模"按钮，在"拔模"操控面板中单击　参考　按钮，按以下步骤操作。

第 1 步：选取拔模曲面。在"参考"滑动面板中单击"拔模曲面"对话框中的 单击此处添加项。然后按住<Ctrl>键，选取实体周围的曲面（该实例的实体周围共有 6 个曲面）。

第 2 步：选取拔模枢轴。在"参考"滑动面板中单击"拔模枢轴"对话框中的 单击此处添加项，然后选取实体的底面（或 TOP 基准平面）。

第 3 步：选取拖拉方向。在"参考"滑动面板中单击"拖拉方向"对话框中的 单击此处添加项，然后选取实体的底面（或 TOP 基准平面），使箭头朝下。

第 4 步：在"拔模"操控面板中把"拔模角度"设为 2°。

第 5 步：单击"确定"按钮，创建拔模特征（拔模后的零件上小下大），如图 13-37 所示。

图 13-36　创建拉伸特征

图 13-37　创建拔模特征（上小下大）

（6）单击 截面圆顶 按钮，在菜单管理器中选取"扫描"→"一个轮廓"→"完成"命令，选取零件的上表面，选取 FRONT 基准平面作为草绘平面，在菜单管理器中单击"确定"按钮。在菜单管理器中选取"顶部"选项，选取 TOP 基准平面，绘制截面 1，如图 13-38 所示。其中，圆弧的圆心在 Y 轴上。

（7）单击"确定"按钮☑，选取 RIGHT 基准平面作为草绘平面。在菜单管理器中选取"顶部"选项，选取 TOP 基准平面，绘制截面 2，如图 13-39 所示。其中，圆弧的中心在 Y 轴上，圆弧与水平参考线相切。

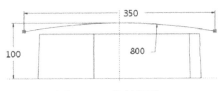

图 13-38　绘制截面 1

图 13-39　绘制截面 2

（8）单击"确定"按钮☑，创建截面圆顶特征，使零件的上表面变成圆顶。

（9）单击"倒圆角"按钮，在实体上创建倒圆角特征，如图 13-40 所示。图中，右边的两个圆角半径为 40mm，左边的两个圆角半径为 20mm。

（10）按以下步骤创建可变圆角特征，各节点位置的圆角半径大小如图 13-41 所示。

图 13-40　创建倒圆角特征

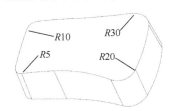

图 13-41　各节点位置的圆角半径大小

第 1 步：单击"倒圆角"按钮，选取上表面与侧面的交线。此时，图形上产生一个淡黄色的临时的倒圆角特征。

第 2 步：单击圆角位置点（白颜色的点），将其拖到图 13-41 中 R5 所指的端点，把圆角半径改为 5mm，如图 13-42 所示。

第 3 步：在"倒圆角"操控面板中单击　集　按钮，在"集"滑动面板下方的空白处单击鼠标右键，选取"添加半径"命令，如图 13-43 所示。

第 4 步：单击新添加的圆角位置点（白颜色的点），将其拖到图 13-41 中 R20 所指的端点，如图 13-44（a）所示，并将圆角半径改为 20mm。

第 5 步：采取相同的方法，创建另外两个位置的圆角（R30 和 R10，圆角位置见图 13-41），如图 13-44（b）所示。

（11）按以下步骤创建偏移特征。

第 1 步：按住<Ctrl>键，选取零件上的曲面，如图 13-45 中的阴影曲面所示。

第 2 步：单击鼠标右键，在弹出的快捷菜单中选取"偏移"选项，在"偏移"操控面板中选取"参考"选项，再单击 定义... 按钮。选取 TOP 基准平面作为草绘平面，绘制一个封闭的截面，如图 13-46 所示。

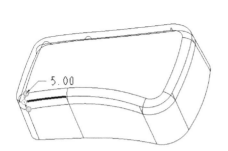

图 13-42　将圆角位置点拖到 R5 所指的端点　　　图 13-43　选取"添加半径"命令

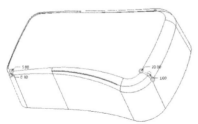

（a）将新增加的圆角位置点拖到 R20 处　　　　　　（b）创建可变圆角

图 13-44　拖动圆角位置，创建可变圆角

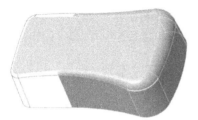

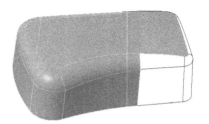

（a）选择阴影曲面（实体正面）　　　　　　　（b）选择阴影曲面（实体反面）

图 13-45　选择阴影曲面

第 3 步：单击鼠标右键，在弹出的快捷菜单中选择"偏移"选项 ，在"偏移"操控面板中单击"具有拔模特征"的按钮 ，把"拔模距离"设为 5mm，"拔模角度"设为 0。设置完毕，单击"反向"按钮，使箭头朝下，如图 13-46 所示。

图 13-46 设置"偏移"操控面板参数

第 4 步：再选择"参考"选项，然后单击 定义... 按钮，选取 TOP 基准平面作为草绘平面，绘制一个封闭的截面，如图 13-47 所示。

第 5 步：单击"确定"按钮，创建偏移特征，如图 13-48 所示。

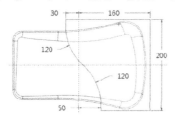

图 13-47 绘制一个封闭的截面

图 13-48   创建偏移特征

（12）按以下步骤创建凹槽。

第 1 步：单击"草绘"按钮 ，选取 TOP 基准平面作为草绘平面，以 RIGHT 基准平面为参考平面，方向向右，绘制直线 1，如图 13-49 所示。

第 2 步：单击"草绘"按钮 ，选取 FRONT 基准平面作为草绘平面，以 RIGHT 基准平面为参考平面，方向向右，绘制直线 2。该直线的端点尺寸如图 13-50 所示。

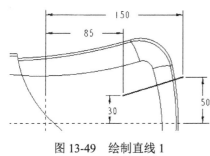

图 13-49   绘制直线 1

图 13-50   直线 2 及其端点尺寸

第 3 步：按住<Ctrl>键，选取前两步骤创建的两条直线。单击鼠标右键，在弹出的快捷菜单中选取"相交"按钮 ，创建相交曲线，如图 13-51 所示。

第 4 步：先选取相交曲线，再单击"扫描"按钮 。然后在"扫描"操控面板中单击"创建或编辑截面"按钮 ，绘制一个 φ30mm 的圆，十字线的交点在圆的边线上，圆心在水平参考线上，如图 13-52 所示。

第 5 步：单击"确定"按钮 ，在"扫描"操控面板中单击"切除材料"按钮 。

第 6 步：再次单击"确定"按钮 ，创建扫描切除特征，如图 13-53 所示。

第 7 步：选取上一步骤创建的扫描切除特征，单击鼠标右键，在弹出的快捷菜单中单击"阵列"按钮．在"阵列"操控面板中选取"方向"阵列，选取 FRONT 基准平面，把"成员数"设为 4，"间距"设为 30mm。

图 13-51　创建相交曲线

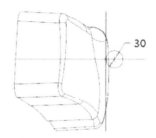

图 13-52　绘制一个 φ30mm 的圆

第 8 步：单击"确定"按钮，创建阵列特征，如图 13-54 所示。

图 13-53　创建扫描切除特征

图 13-54　创建阵列特征

（13）按以下步骤创建台阶位。

第 1 步：单击"拉伸"按钮，以 TOP 基准平面为草绘平面，绘制一个截面，如图 13-55 所示。

第 2 步：单击"确定"按钮，在"拉伸"操控面板中把"距离"设为 30mm。

第 3 步：单击"确定"按钮，创建拉伸特征，如图 13-56 所示。

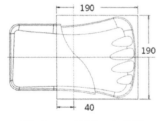

图 13-55　绘制一个截面

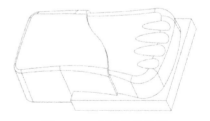

图 13-56　创建拉伸特征

第 4 步：在实体图上选取一个侧面，如图 13-57 中阴影所示的侧面。单击鼠标右键，在弹出的快捷菜单中单击"复制几何"按钮．在"复制几何"操控面板中单击"确定"按钮，复制所选的侧面。

第 5 步：在拉伸特征上选取一个侧面，如图 13-58 中的阴影所示，然后单击"偏移"按钮．在"偏移"操控面板中单击"替换曲面特征"的按钮，如图 13-59 所示。

第 6 步：选取图 13-57 所创建的曲面，单击"确定"按钮，零件的侧面被替换，如图 13-60 所示。

第 7 步：采用相同的方法，替换另一侧的曲面。

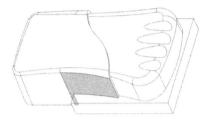

图 13-57 在实体图上选取一个侧面

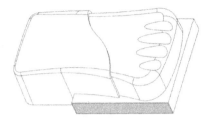

图 13-58 在拉伸特征上选取一个侧面

图 13-59 选取"替换曲面特征"的按钮

第 8 步：在实体图上选取一个侧面，如图 13-61 中的阴影所示，然后单击"偏移"按钮。在"偏移"操控面板中单击"标准偏移特征"的按钮，把"偏移距离"设为 5mm，如图 13-62 所示。

图 13-60 所选曲面被替换

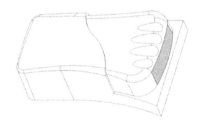

图 13-61 在实体上选取一个侧面

图 13-62 选取"标准偏移特征"的按钮，把"偏移距离"设为 5mm

第 9 步：单击"确定"按钮，创建偏移曲面，如图 13-63 所示。

第 10 步：在图 13-56 的拉伸特征上选取一个侧面，如图 13-64 中阴影所示的侧面。然后单击鼠标右键，在弹出的快捷菜单中单击"偏移"按钮。在"偏移"操控面板中单击"替换曲面特征"的按钮，参考图 13-59。

偏移曲面

图 13-63 创建偏移曲面

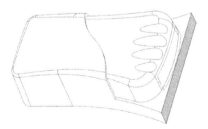

图 13-64 在拉伸特征上选取一个侧面

第 11 步：选取图 13-63 所创建的偏移曲面，单击"确定"按钮☑，零件的侧面被替换，如图 13-65 所示。

第 12 步：单击"倒圆角"按钮，在实体图上创建倒圆角特征（圆角半径为 40mm），如图 13-66 所示。

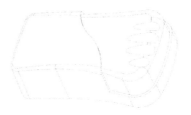

图 13-65　所选侧面被替换　　　　　　　图 13-66　创建倒圆角特征

第 13 步：在实体图上选取一个曲面，如图 13-67 中阴影所示的曲面。然后单击鼠标右键，在弹出的快捷菜单中单击"偏移"按钮。在"偏移"操控面板中单击"标准偏移特征"的按钮，把"偏移距离"设为 30mm，方向向下。

第 14 步：单击"确定"按钮☑，创建偏移曲面，创建的曲面在实体内部，如图 13-68 所示。

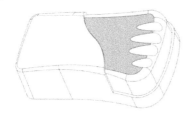

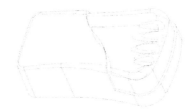

图 13-67　在实体图上选取一个曲面　　　　图 13-68　创建偏移曲面

第 15 步：选取台阶的上表面，如图 13-69 中阴影所示的上表面。然后单击鼠标右键，在弹出的快捷菜单中单击"偏移"按钮。在"偏移"操控面板中单击"替换曲面特征"的按钮，参考图 13-59。

第 16 步：选取图 13-68 所创建的偏移曲面，单击"确定"按钮☑，图 13-56 所创建的拉伸特征的上表面被替换，如图 13-70 所示。

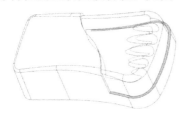

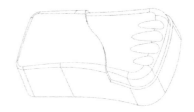

图 13-69　选取上表面　　　　　　　　　图 13-70　所选曲面被替换

（14）单击"抽壳"按钮，选取零件底面作为可移除面，把"厚度"设为 4mm。

（15）创建唇特征，按以下步骤进行操作。

第 1 步：单击"唇"按钮 唇（唇特征命令的调出方式请参考第 3 章 Pro/ENGINEER 版特征命令的加载）。

第 2 步：选取抽壳特征口部的内边线，在其变成红色后，在菜单管理器中选取"接受"选项，效果如图 13-71 的粗线所示。然后，单击"完成"按钮。

第 3 步：选取零件口部的平面作为"要偏移的曲面"。

第 4 步：输入"偏移值"，把其值设为 3mm；输入"从边到拔模曲面的距离"，把其值设为 2.0mm。

第 5 步：选取口部的平面作为"拔模参考曲面"。

第 6 步：把"拔模角度"设为 3°。

第 7 步：单击"确定"按钮☑，创建唇特征，如图 13-72 所示。

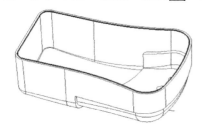
图 13-71　抽壳特征口部的内边线

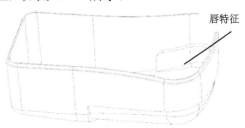
图 13-72　创建唇特征

（16）创建两个带锥度的圆柱，按以下步骤进行操作。

第 1 步：单击"拉伸"按钮，以 TOP 基准平面为草绘平面，绘制两个圆（ϕ20mm），如图 13-73 所示。

第 2 步：单击"确定"按钮☑，在"拉伸"操控面板中对"拉伸类型"单击"拉伸到选定的"按钮，如图 13-74 所示。

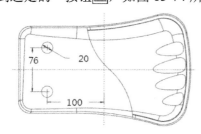
图 13-73　绘制两个圆

图 13-74　选取"拉伸到选定的"按钮

第 3 步：选取零件抽壳特征上的一个曲面，如图 13-75 中的阴影曲面所示。

第 4 步：在"拉伸"操控面板中单击 选项 按钮，在"选项"滑动面板中选取"✓添加锥度"复选项，把"角度"设为-2°。

第 5 步：单击"确定"按钮☑，创建两个带斜度的拉伸特征，如图 13-76 所示。

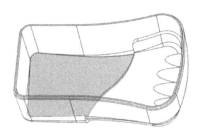

图 13-75　选取曲面

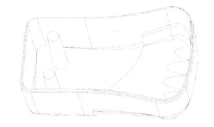

图 13-76　创建两个带斜度的拉伸特征

第 6 步：单击"拉伸"按钮，以圆柱的表面为草绘平面，绘制两个同心圆（φ15mm），其圆心与圆柱的圆心重合，如图 13-77 所示。

第 7 步：单击"确定"按钮，在"拉伸"操控面板中选取"拉伸到选定的"选项和"切除材料"选项，在零件上选取一个曲面，参考图 13-75 中的阴影曲面。

第 8 步：单击"确定"按钮，创建两个孔特征，如图 13-78 所示。

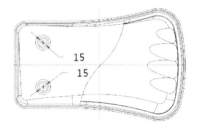

图 13-77　绘制两个同心圆（φ15mm）

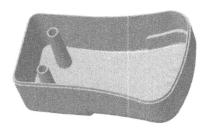

图 13-78　创建两个孔特征

（17）单击"保存"按钮，保存文档。

4. 塑料盖

本节通过塑料盖的建模过程，重点介绍 Creo 7.0 中的曲面在创建实体过程中的使用方法。产品图如图 13-79 所示。

图 13-79　产品图

（1）启动 Creo 7.0，单击"新建"按钮，在【新建】对话框中对"类型"选取"◉零件"选项，"子类型"选取"◉实体"选项；把"名称"设为"SULIAOGAI"，取消"☑使用默认模板"复选项前面的"√"。设置完毕，单击　确定　按钮，在【新文件选项】对话框中选取"mmns_part_solid_abs"选项。

（2）单击"拉伸"按钮，以 TOP 基准平面为草绘平面，绘制一个截面（ϕ80mm），即截面 1，如图 13-80 所示。

（3）单击"确定"按钮，在"拉伸"操控面板中单击"拉伸为曲面"按钮，对"拉伸类型"选取"不通孔"选项，把拉伸"距离"设为 30mm，如图 13-81 所示。

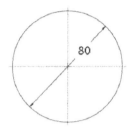

图 13-80　绘制截面 1

图 13-81　设置"拉伸"操控面板参数

（4）在"拉伸"操控面板中单击 选项 按钮，在"选项"滑动面板中勾选"☑封闭端"复选项，如图 13-82 所示。

（5）单击"确定"按钮，创建一个拉伸曲面，该曲面的两端被封闭。

（6）单击"拉伸"按钮，以 RIGHT 基准平面为草绘平面，绘制圆弧（R300mm）截面，即截面 2，如图 13-83 所示。

图 13-82　勾选"封闭端"复选项

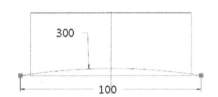

图 13-83　绘制截面 2

（7）单击"确定"按钮，在"拉伸"操控面板中单击"拉伸为曲面"按钮，对"拉伸类型"选取"对称"按钮，把"距离"设为 130mm。

（8）单击"确定"按钮，创建一个拉伸曲面，如图 13-84 所示。

（9）按住<Ctrl>键，选取两个曲面。单击鼠标右键，在弹出的快捷菜单中单击"合并"按钮。然后，单击"反向"按钮，切换两个箭头的方向（箭头方向为保留方向），如图 13-85 所示。

图 13-84　创建一个拉伸曲面

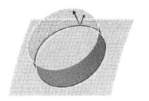

图 13-85　两个箭头的方向

（10）单击"确定"按钮，两个曲面被修剪。按鼠标中键，翻转实体后的效果如图 13-86 所示。

（11）单击"倒圆角"按钮，选取圆柱顶面的边线，创建倒圆角特征（*R*12mm），如图 13-87 所示。

图 13-86　两个曲面被修剪并翻转实体

图 13-87　创建倒圆角特征

（12）选取曲面，单击鼠标右键，在弹出的快捷菜单中单击"加厚"按钮，把"厚度"设为 2mm，曲面变为实体。

（13）单击"拉伸"按钮，以 TOP 基准平面为草绘平面，绘制一个截面，如图 13-88 所示。

（14）单击"确定"按钮，在"拉伸"操控面板中对"拉伸类型"选取"对称"选项，把拉伸"距离"设为 50mm。设置完毕，单击"移除材料"按钮。

（15）单击"确定"按钮，创建移除特征，如图 13-89 所示。若移除特征与图 13-89 中的不一致，则需要在操控面板中单击"反向"按钮。

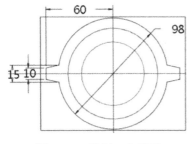

图 13-88　绘制一个截面

图 13-89　创建移除特征

（16）单击 工程 按钮，选取"修饰草绘"命令，选取零件的上表面作为草绘平面，以 RIGHT 基准平面为参考平面，方向向右。单击 草绘 按钮，进入草绘模式。

（17）在快捷菜单中单击 A 文本 按钮，在 *Y* 轴上选取第一点为文本的起始点，选取第二点为文本的高度和方向，如图 13-90 所示。

（18）在【文本】对话框中输入"塑料盖"，字体选取"font3d"，对"水平"选取"中心"，对"竖直"选取"底部"选项；把"长宽比"设为 1，"间距"设为 0.8mm。设置完毕，勾选"☑沿曲线放置"复选项，如图 13-91 所示。

（19）选取零件顶面的圆弧，系统自动沿圆弧创建文本，如图 13-92 所示。

（20）单击"保存"按钮 ，保存文档。

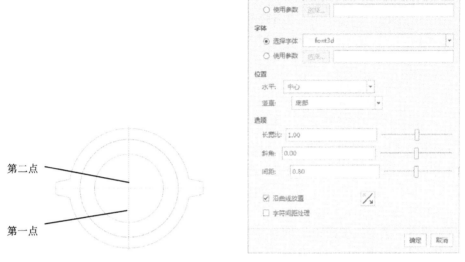

图 13-90　选取第一点与第二点　　　　图 13-91　【文本】对话框设置

图 13-92　创建文本

5．电话筒

本节通过电话筒的建模过程，重点介绍 Creo 7.0 中的曲面在创建实体过程中的使用方法。产品图如图 13-93 所示。

图 13-93　产品图

（1）启动 Creo 7.0，单击"新建"按钮 ，在【新建】对话框中对"类型"选取" 零件"选项，"子类型"选取" 实体"选项；把"名称"设为"DIANHUATONG"，取消"☑使用默认模板"复选项前面的"√"。设置完毕，单击　确定　按钮，在【新文件选项】对话框中选取"mmns_part_solid_abs"（实体零件公制模板，单位：mm）选项。

（2）单击"拉伸"按钮，以 TOP 基准平面为草绘平面，绘制截面 1，如图 13-94 所示。

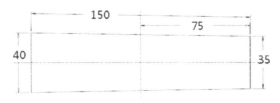

图 13-94　绘制截面 1

（3）单击"确定"按钮☑，在"拉伸"操控面板中单击"曲面"按钮　→　选项 按钮。在"选项"滑动面板中对"侧 1"选取"不通孔"按钮，把"距离"设为 30mm；对"侧 2"选取"无"。然后勾选"☑封闭端"和"☑添加锥度"复选项，把"角度"设为 5°，如图 13-95 所示。

（4）单击"确定"按钮☑，创建拉伸曲面（拉伸曲面应该是上小下大。如果是上大下小，那么要把角度改为-5°），如图 13-96 所示。

图 13-95　"选项"滑面动板设置　　　　　　图 13-96　创建拉伸曲面

（5）单击"草绘"按钮，以 FRONT 基准平面为草绘平面，绘制曲线截面 2，如图 13-97 所示。绘制完毕，单击"确定"按钮☑。

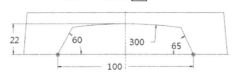

图 13-97　绘制截面 2

（6）单击"扫描"按钮，选取上一步骤创建的曲线作为轨迹线，在"扫描"操控面板中单击"创建或编辑扫描截面"按钮，绘制圆弧（*R*100mm）截面，如图 13-98 所示。

（7）在"扫描"操控面板中单击"曲面"按钮　→　"确定"按钮☑，创建扫描曲面特征，如图 13-99 所示。

（8）先选取扫描曲面的一条边线，如图 13-100 中加粗的边线。

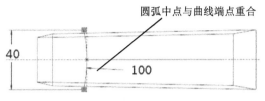

圆弧中点与曲线端点重合

图 13-98 绘制圆弧截面

图 13-99 创建扫描曲面特征

选取边线

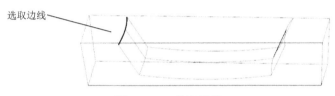

图 13-100 选取边线

（9）单击鼠标右键，在弹出的快捷菜单中单击"延伸"按钮 ，在"延伸"操控面板中单击"按原始曲面延伸"按钮 ，把延长"距离"设为 10mm，创建延伸曲面，如图 13-101 中左边的曲面所示。

（10）采用相同的方法，延伸右边的曲面，如图 13-101 所示。

延伸曲面   延伸曲面

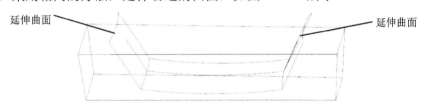

图 13-101 创建延伸曲面

（11）选取延伸后的扫描曲面，单击鼠标右键，在弹出的快捷菜单中选取"修剪"选项 ，选取 TOP 基准平面作为修剪曲面。单击箭头，选取图 13-102 中的阴影部分为保留方向。

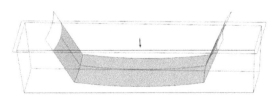

图 13-102 选取阴影部分为保留方向

（12）单击"确定"按钮☑，创建修剪曲面特征，如图13-103所示。

图13-103　创建修剪曲面特征

（13）按住<Ctrl>键，选取扫描曲面与拉伸曲面。单击鼠标右键，在弹出快捷菜单中选取"合并"按钮⊙。单击箭头，切换箭头的方向，如图13-104所示。

提示：如果在图13-96中所创建的图形是实体而不是曲面，那么不能进行合并。

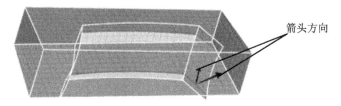

图13-104　选取箭头方向

（14）单击"确定"按钮，创建合并后的曲面，如图13-105所示。

图13-105　创建合并后的曲面

（15）选取合并后的曲面，单击鼠标右键，在弹出快捷菜单中单击"实体化"按钮⊙，把曲面转化为实体。

提示：如果不能成功转化为实体，可能是在图13-95中没有选取"☑封闭端"复选项。应在模型树中选取 🔲拉伸1，单击鼠标右键，在弹出的快捷菜单中单击"编辑定义"按钮🖊；在操控面板中单击 选项 按钮，在图13-95中所示的滑动面板中选取"☑封闭端"复选项。

（16）单击 📷截面圆顶 按钮（"截面圆顶"的调出方式请参考第3章Pro/ENGINEER版特征命令），在菜单管理器中选取"扫描"→"一个轮廓"→"完成"命令，选取零件上表面，如图13-106所示。

图13-106　选取零件上表面

（17）在菜单管理器中选取"平面"选项，选取 FRONT 基准平面作为草绘平面，单击菜单管理器的"确定"按钮，再选取"顶部"→"平面"命令，选取 TOP 基准平面作为草绘平面，绘制一个圆弧（R300mm）截面，即截面 1，其圆心在 Y 轴上，如图 13-107 所示。

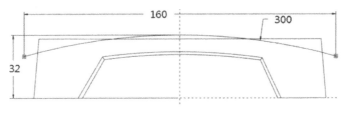

图 13-107　绘制截面 1

（18）单击"确定"按钮☑，在菜单管理器中选取"平面"选项，选取 RIGHT 基准平面作为草绘平面，单击菜单管理器的"确定"按钮，选取"顶部→平面"选项，选取 TOP 基准平面作为草绘平面，绘制一个圆弧（R200mm）截面，即截面 2，其圆心在 Y 轴上，圆弧的中点经过十字线的交点，如图 13-108 所示。

（19）单击"确定"按钮☑，把零件的上表面替换成圆弧曲面，如图 13-109 所示。

图 13-108　绘制截面 2

图 13-109　上表面被替换成圆弧曲面

（20）单击"旋转"按钮，选取 FRONT 基准平面作为草绘平面，绘制一个封闭的截面和基准中心线，如图 13-110 所示。

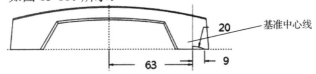

图 13-110　绘制一个封闭的截面和基准中心线

（21）单击"确定"按钮☑，在"旋转"操控面板中单击"切除材料"按钮，把"旋转角度"设为 360°，创建旋转切除材料特征，如图 13-111 所示。

（22）采用相同的方法，创建话筒另一端的旋转切除特征。

图 13-111　创建旋转切除材料特征

（23）单击"倒圆角"按钮 ，创建倒圆角特征。未注圆角为 *R*1mm，如图 13-112 所示。

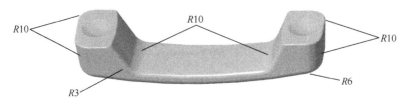

图 13-112　创建倒圆角特征

（24）单击"抽壳"按钮 ，直接在"抽壳"对话框中把"厚度"设为 1mm，然后单击"确定"按钮 ，创建抽壳特征（这样创建的抽壳特征是一个空壳）。

（25）单击"拉伸"按钮 ，选取 **TOP** 基准平面作为草绘平面，绘制一个截面（ϕ2mm），如图 13-113 所示。

图 13-113　绘制一个截面（ϕ2mm）

（26）单击"确定"按钮 ，在"拉伸"操控面板中单击"切除材料"按钮 ，对拉伸类型选取"不通孔"选项 ，把"距离"设为 5mm。

（27）单击"确定"按钮 ，创建一个孔。

（28）在模型树中选取 拉伸 2 （前面所创建的孔），单击鼠标右键，在弹出的快捷菜单中选取"阵列"按钮 。在"阵列"操控面板中选取"方向"，选取 FRONT 基准平面作为第一方向参考平面，把"成员数"设为 3，"间距"设为 4mm；选取 RIGHT 基准平面作为第二方向参考平面，把"成员数"设为 3，"间距"设为 4mm。

（29）单击"确定"按钮 ，创建阵列特征，如图 13-114 中左边的小孔所示。

（30）在模型树中选取 阵列 1 / 拉伸 2，单击鼠标右键，在弹出的快捷菜单中选取"镜像"选项 ；选取 RIGHT 基准平面作为镜像平面，创建镜像特征，如图 13-114 中右边的小孔所示。

图 13-114　创建阵列特征